广州铁路职业技术学院资助出版
高等职业院校技能型人才培养优质教材
机械制造及自动化专业群城市轨道交通机电技术专业一体化教材

制图测绘与 CAD 实训

主　编　诸进才　胡艳娥
副主编　汤爱军　李兆飞
主　审　陈　敏

西南交通大学出版社
·成　都·

图书在版编目（CIP）数据

制图测绘与 CAD 实训 / 诸进才，胡艳娥主编. —成都：西南交通大学出版社，2022.1
ISBN 978-7-5643-7832-5

Ⅰ. ①制… Ⅱ. ①诸… ②胡… Ⅲ. ①机械制图－AutoCAD 软件－高等职业教育－教材②机械元件－测绘－AutoCAD 软件－高等职业教育－教材 Ⅳ. ①TH126②TH13

中国版本图书馆 CIP 数据核字（2020）第 223110 号

Zhitu Cehui yu CAD Shixun
制图测绘与 CAD 实训

主编　诸进才　胡艳娥

责任编辑　罗在伟
封面设计　吴　兵

出版发行　西南交通大学出版社
（四川省成都市金牛区二环路北一段 111 号
西南交通大学创新大厦 21 楼）
邮政编码　610031
发行部电话　028-87600564　028-87600533
网址　http：//www.xnjdcbs.com
印刷　四川玖艺呈现印刷有限公司

成品尺寸　185 mm×260 mm
印张　10.25
字数　222 千
版次　2022 年 1 月第 1 版
印次　2022 年 1 月第 1 次
书号　ISBN 978-7-5643-7832-5
定价　34.00 元

本书编委会

主　任：陈　敏　林燕波

副主任：李助军

秘　书：刘锦龙

编　委：诸进才　胡艳娥　汤爱军　李兆飞

陈世芳　张菊红　陈　敏

前言
PREFACE

制图测绘是工程图学课程重要的实践性教学环节，是对整个工程图学学习内容的综合训练。本书本着“实用、管用、够用”的原则，从实训条件的准备开始，从应了解的实训流程、应熟悉的相关制图标准、应熟练操作的相关拆装和工量具到熟悉应用的相关 CAD 软件、互换性与公差、材料等知识的储备，并选取了平口钳、齿轮油泵等经典部件装置作为实施任务，旨在训练学生绘制部件装配示意图、徒手绘制零件草图的能力，以及用尺规等绘图仪器绘制标准装配图和零件工作图的能力。除了传统的尺规作图训练要求外，还训练学生应用三维软件设置工程图模板、模型测绘和三维建模的能力，最后学生能独立制作标准工程图。每个项目均设计了学习任务单和评价单，要求学生测绘开始前必须借助信息化手段查阅相关知识，明确实训的具体任务和实施路线，在完成规定的任务后还要及时对其进行评价。通过这一集中、系统、大量反复地强化训练，可以把所学知识运用于实际工作中，学用结合，并在用的过程中使所学知识得以巩固和深化，最终起到提高绘图能力和实际工作能力的作用。

本书编写过程始终贯彻“理实一体、够用为度、实用为主”的高职院校教育理念，以项目导向设计教材的教学模式，以任务驱动设计教材的教学情境，以教、学、做一体设计教学环节，使实训领域与工作情境一致、实训过程与工作过程一致、实训任务与工作任务一致，实现高职人才培养的目标。

本书由广州铁路职业技术学院的教师和合作企业的工程师共同编写。全书共 4 个项目，诸进才编写项目 3 和项目 4，并负责全书 CAD 图样的绘制；胡艳娥编写了项目 1 和项目 2，并完成部分教学资源制作；汤爱军参与编写项目 2；李兆飞参与编写项目 3；陈世芳、张菊红等老师以及 2020 级本科生李宏伟、韩昭炫等参与了教材部分案例的制作。全书由诸进才统稿，由广州铁路职业技术学院陈敏主审。

由于编者水平有限，书中的不妥之处敬请读者批评指正。

编　者

2021 年 11 月于广州

目录
CONTENTS

项目 1

实训准备

工作任务 1.1　测绘与 CAD 实训任务认知

1.1.1　零件草图的绘制

零件草图通常是在测绘现场以徒手、目测实物大致比例绘出的零件图。草图绘制是零部件测绘的基本任务之一，也是工程师的一项基本技能。零件草图除对线宽和比例不做严格要求外，其他要求与零件工作图的要求完全一致。草图内容也包含了一组视图、尺寸标注、技术要求和标题栏四个部分。

1.1.2　部件装配示意图的绘制

装配示意图通常也是在测绘现场随机器或部件的拆卸过程所绘制的记录图样，是绘制装配图和重新进行装配的依据，是零部件测绘的基本任务之一。它的目的是表达部件间各零件的相对位置、装配与连接关系、传动路线等。

1.1.3　零件三维建模与工作图绘制

零件工作图是在草图的基础上，对草图进行重新整理和修改完善后绘制的零件正式图样。零件有些结构还需要设计计算或选用执行有关标准，因此从零件草图到零件工作图绝不是简单地重复照搬，而是重新思考并不断修改完善的过程。根据零件草图，可以利用三维设计软件构建三维零件模型，在建模过程中对零件结构尺寸修改完善，再生成二维零件工作图。

工作任务 1.2　熟悉制图测绘与 CAD 实训流程

1.2.1　测绘工具准备

工欲善其事，必先利其器。要顺利地完成制图测绘与 CAD 实训，必须先做好工具的准备工作。测绘工具的准备包括拆装工具、测量工具、绘图工具等的准备。

1.2.2 测绘模型及场地准备

测绘正式开始前，要提前准备好测绘用模型，如测绘一级减速器等较大型零部件，还需提前联系借用大图板和丁字尺。确定测绘对象后先仔细阅读测绘实验指导书，全面细致地了解被测零部件的名称、用途、工作原理、性能指标、结构特点以及各零件间的装配关系、连接关系。

测绘场地可以在专业的测绘教室或计算机房进行，确定测绘场地后要提前做好测绘场地的清洁工作。

1.2.3　零件拆卸

拆卸零件必须按顺序进行，拆卸过程中，要弄清各零件的名称、作用和结构特点，对拆下的每一个零件都要进行编号、分类和登记。

1.2.4　装配示意图绘制

按照前述方法绘制装配示意图。

1.2.5　零件草图徒手绘制

部件拆卸完成后，要画出部件中除标准件外的每一个零件的草图。零件草图内容与正规零件图内容一样，包括一组视图、尺寸、技术要求、标题栏，因此零件草图的绘制应遵循以下步骤：

1. 确定机件的表达方案

根据零件的类型，选择恰当的表达方案、视图数量等，根据目测估计确定各视图的位置，画出各视图的基准线、中心线、轴线或对称线等；然后绘制零件的主要轮廓、内外部结构形状；最后绘制零件的细部结构，完成视图。

2. 确定长、宽、高三个方向的尺寸基准

根据基准引出尺寸界线、尺寸线和箭头，最后测量尺寸，注写尺寸数字。孔轴之间有配合的地方还应根据配合类型确定孔（或轴）的基本偏差与标准公差等级，然后查表得出孔（或轴）的极限偏差数值。

3. 确定零部件制造及装配技术要求

零件的表面结构要求、几何公差等可以按照国家标准规定在图纸恰当位置注出；材料热处理要求，未注圆角、倒角等其他不能用符号表示的技术要求一般在图纸空白位置用文字注写。

4. 确定零件标题栏信息

零件草图同样需要填写完整的标题栏。对于标准件不需要绘制零件草图，但要查阅相关标准，单独列出明细表。

1.2.6 计算机绘制非标零件二维工作图

根据零件草图，在计算机上利用二维绘图软件（如 AutoCAD、中望 CAD）绘制零件二维工作图。

1.2.7 非标零件的三维建模并生成二维工作图（可选）

根据零件草图，在计算机上可利用三维 CAD 软件对零件进行三维造型。在进行三维造型时，应注意发现并修正零件草图中的不合理结构，调整零件的尺寸，以便为零件装配和生成零件工作图提供正确的依据。

1.2.8 零件三维虚拟装配并生成二维装配图（可选）

根据零件的三维模型，在计算机上进行虚拟装配，生成装配体部件。在装配过程中，应注意零件结构形状的不合理之处，及时修改。对不合理的零件间公差配合尺寸、连接及装配尺寸也应及时修改完善，为生成零件工作图和装配图提供正确的依据。

工作任务 1.3　拆装工具认知

在拆卸部件时，为了不损坏零件和影响精度，应在分析装配体结构特点的基础上，选用合适的工具逐步拆卸。常用的拆卸工具见表 1-3-1。

表 1-3-1　常用的拆卸工具

名称	工具图	说明
扳手	 (a) 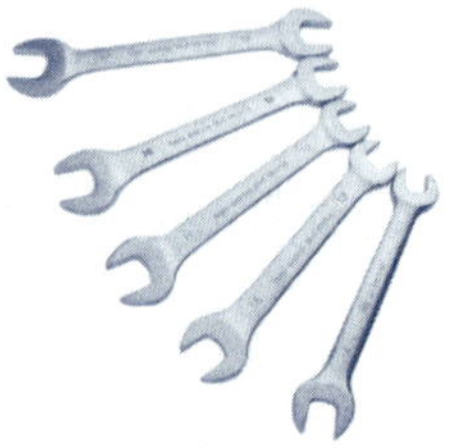 (b)	(a) 活动扳手： 可扳动一定范围内的六角头或方头螺栓、螺母。 (b) 呆扳手： 用于紧固、拆卸一种或两种规格的螺栓、螺母。
扳手	 (c) 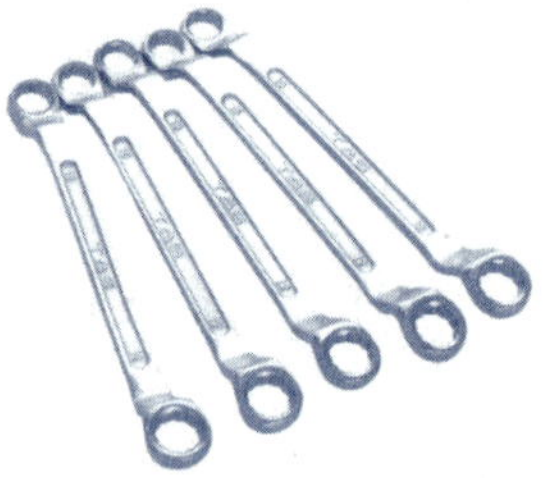 (d)	(c) 梅花扳手： 用于工作空间狭小、不能容纳活动扳手、呆扳手的场合。 (d) 内六角扳手： 用于紧固或拆卸内六角螺钉
虎钳	 (a)  (b) 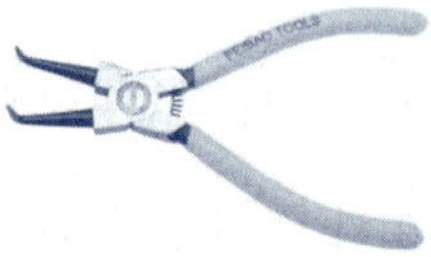 (c)	(a) 钢丝钳： 用于夹持小零件，剪断或弯曲金属丝。 (b) 尖嘴钳： 在狭小的工作空间操作。 (c) 挡圈钳： 供装、拆弹性挡圈用
旋具	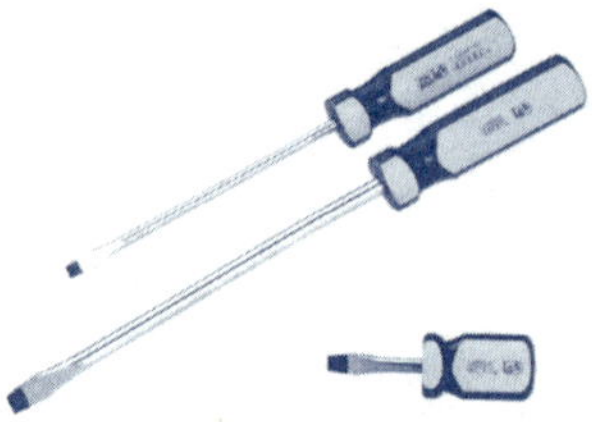 (a) 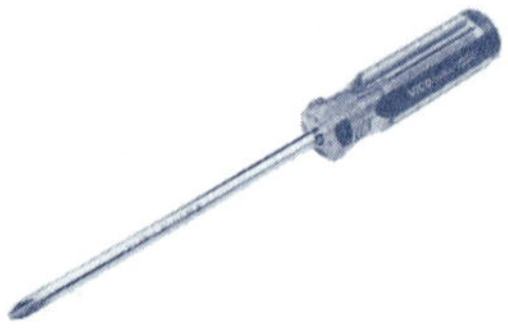 (b)	(a) 一字形旋具。 (b) 十字形旋具

续表

名称	工具图	说明
钳工锤和冲子	 (a)  (b)	(a) 钳工锤： 有钢制和木制两种。 (b) 冲子： 用于拆卸圆柱销或圆锥销

工作任务 1.4　测量工具认知

零件尺寸的测量是机器部件制图测绘中的一项重要内容。采用正确的测量方法可以减少测量误差，提高制图测绘效率，保证测得尺寸的精确度。测量方法与制图测绘工具有关，因此需要先了解常用的制图测绘工具，掌握正确的使用方法和测量技术。

1.4.1　常用的测量工具

常用的测量工具有钢直尺、卡钳、游标卡尺、外径千分尺、游标万能角度尺、螺纹量规和半径样板等。课程中用的量具介绍见表 1-4-1。

表 1-4-1　常用的测量工具

名称	工具图	说　明
钢直尺		钢直尺是用不锈钢薄板制成的一种刻度尺，通常刻度最小单位为 1 mm。一般用来测量精度要求不高的线性尺寸
游标卡尺	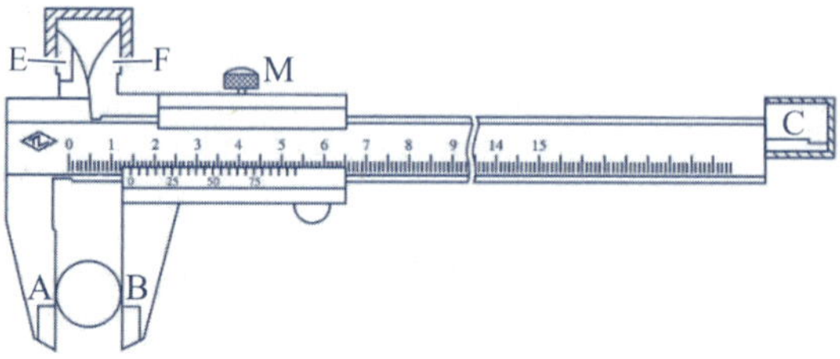	游标卡尺是一种测量精度较高的量具，一般分度值为 0.02 mm。除测量长度尺寸外，还可用来测量内径（E—F）、外径（A—B）、孔和槽深度及台阶高度（C）等尺寸
内外卡钳	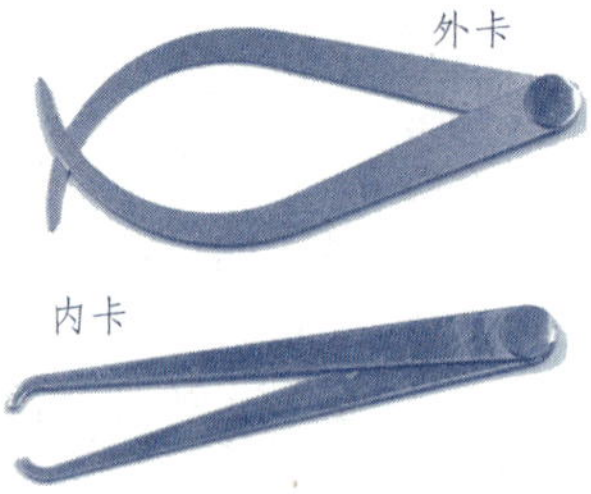	卡钳有外卡钳（测量外径）和内卡钳（测量内径）两种，卡钳是间接测量工具，必须配合带有刻度的量具才能量取尺寸。卡钳测量误差较大，常用来测量一般精度的直径尺寸

续表

名称	工具图	说明
外径千分尺	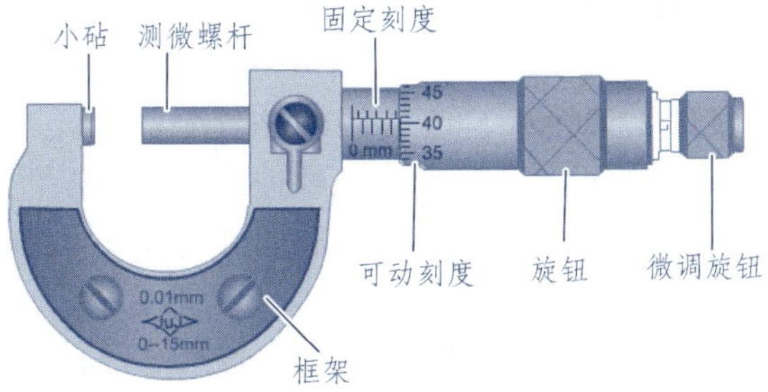	外径千分尺简称千分尺，是生产制造中常用的精密量具，其利用精密螺旋传动，把螺杆的旋转运动转化成直线移动而进行测量，测量精度比游标卡尺高，常用来测量较高精度的长度和外径等
游标万能角度尺	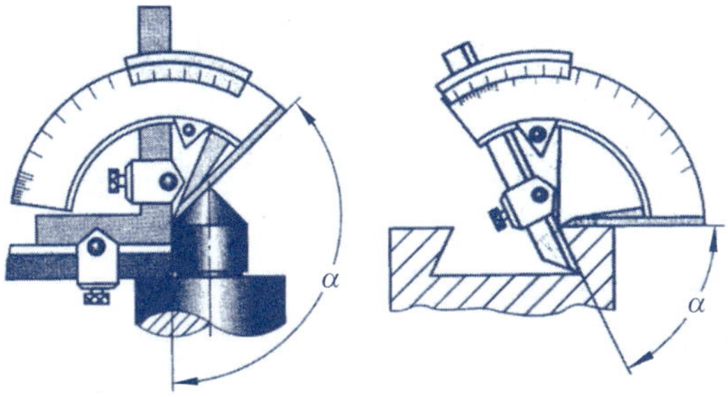	游标万能角度尺又被称为角度规、游标角度尺或万能量角器，它是利用游标读数原理来直接测量工件角度或进行划线的一种角度量具，适用于机械加工中的内、外角度测量，可测 0°～320°外角及 40°～130°内角
螺纹量规		螺纹量规主要用于低精度螺纹工件的螺距和牙型角的检验。测量时，螺距规的测量面与工件的螺纹必须完全、紧密接触。此时，螺纹量规上所表示的数字即为螺纹的螺距
半径样板	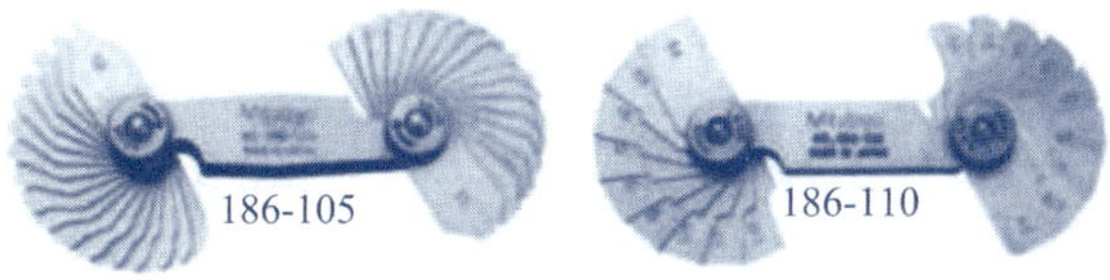	半径样板又称圆角规(R规)，主要用来测量圆角的半径，其中凸弧和凹弧各十六个。测量时，半径样板片应与被测表面完全密合，所用样板数值即为被测表面的圆角半径

1.4.2 拆卸部件时的注意事项

（1）拆卸部件前要仔细分析装配体的结构特点、装配关系和连接方式，根据连接情况采用合理的拆卸方法，并注意拆卸顺序。对精密或重要的零件，拆卸时应避免重击。

（2）对不可拆卸零件（焊接件、铆接件、镶嵌件或过盈配合连接等）不应拆开；对于精度要求较高的过渡配合或过盈配合或不可拆也可进行测绘的零件，尽量不拆，以免降低机器的精度或损坏零件而无法复原；对于标准部件（如滚动轴承或油杯等）也不能拆卸，查有关标准即可。

（3）对于部件中的一些重要尺寸，如零件间的相对位置尺寸、装配间隙和运动零件的极限位置尺寸等，应先进行测量，以便重新装配部件时，保持原来的装配要求。

（4）对于较复杂的装配体，拆卸零件时，应边拆边登记编号，并按顺序排列零件，套上用细铁丝和硬纸片制成的号签，注写编号和零件名称，妥善保管，避免零件损坏、生锈或丢失。对螺钉、键、销等容易散失的细小零件，拆卸后仍装在原来的孔、槽中，以免丢失和装错位置。标准件应列出细目。

根据已有的产品、部件或零件进行测绘、测量，并整理画出装配图和零件工作图的过程，称为“测绘”。实际生产中，设计新产品（或仿制）时，需要测绘同类产品的部分或全部零件，供设计时参考；机器或设备维修时，如果某一零件损坏，在无备件又无图样的情况下，也需要测绘损坏的零件，画出图样以满足修配时的需要。因此，“测绘技术”是工程技术人员必须掌握的一项重要的基本技能。对学生而言，通过零部件测绘实践，是对机械制图课程学习的综合运用和全面训练，也是在实践中培养动手能力和与理论联系实际的有效方法。

图 1-4-1 所示为零部件测绘方法和流程。

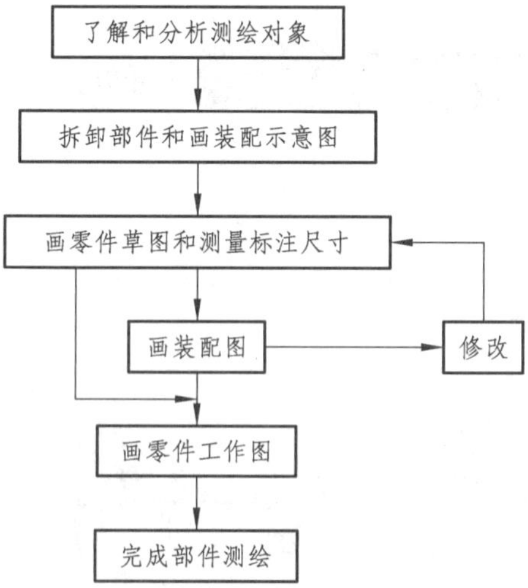

图 1-4-1　零部件测绘方法和流程

工作任务 1.5　绘图工具认知

工欲善其事，必先利其器。要画好图，首先要准备好需用的绘图工具，常用的绘图工具见表 1-5-1。

表 1-5-1　常用的绘图工具

名称	工具图	说　明
铅笔		工具包通常包含有牌号为 2H、HB 和 2B 共 3 支铅笔。用途如下： 2H：打底稿，画细线； HB：写字和徒手画图； 2B：描深图线（粗线）
擦图片	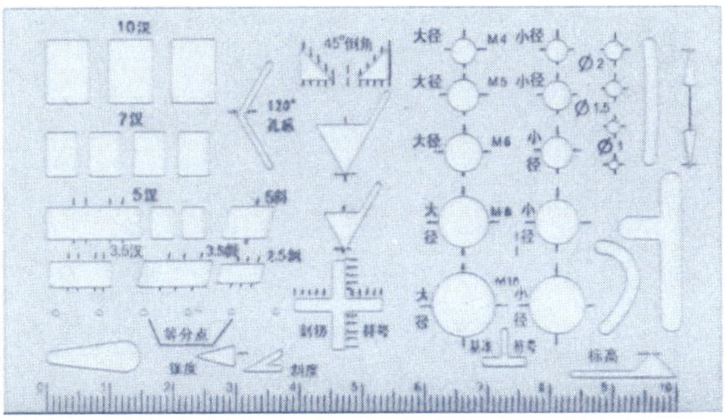	擦图片又称擦线板，为擦去铅笔制图过程不需要的错误图线，并保护邻近图线完整的一种制图辅助工具。在绘图中使用擦图片可小范围擦图，尽量缩小擦拭的面积，并保持图面清洁。 擦图片上的箭头、小圆等可作为模板用来标注和绘直径较小的圆，是非常好用的辅助工具
图纸、丁字尺、图板与胶带纸	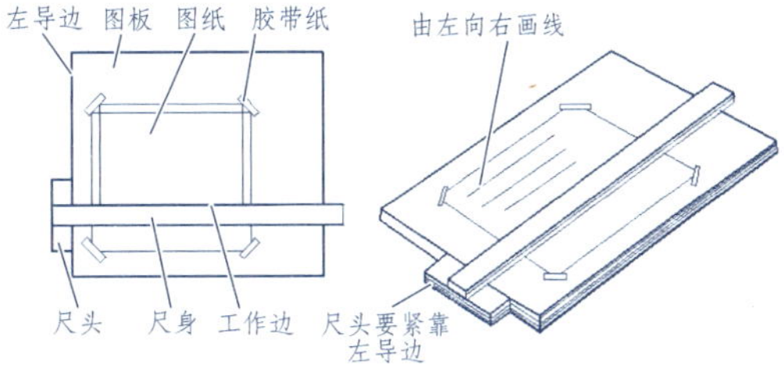	图纸先用胶带纸固定在图板上，并确保图纸边线与图板侧面平行。丁字尺主要用来画水平线，使用时须用左手扶住尺头并使尺头内侧紧靠图板的左导边
三角板	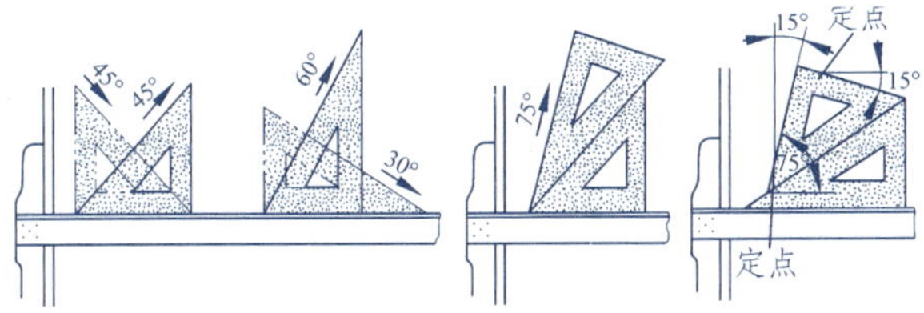	三角板常与丁字尺配合使用画出与水平线成 30°、45°、60°以及 15°倍数角的各种倾斜线，绘制剖面线时建议两把尺寸配合使用

续表

名称	工具图	说　明
圆规	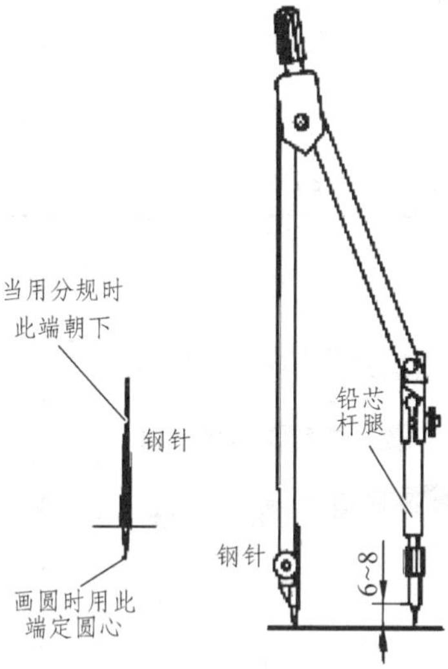	圆规是用来画圆或圆弧的。用圆规画底稿时，装用 HB 铅芯，铅芯应磨成圆锥形或斜形；用圆规描粗加深圆时，则用 B 或 2B 铅芯，铅芯形状为四棱柱磨斜。 画圆时，将圆规两腿分开到所需的半径尺寸，且保证圆规两腿跟纸面垂直

工作任务 1.6　测绘图纸准备

1.6.1　确定图纸的尺寸规格

为了使图纸幅面统一，便于装订和保管，国家标准对图纸幅面作了相应的规定，基本图幅共有五种，其尺寸见表 1-6-1，它们之间的尺寸关系如图 1-6-1 所示。绘图时要根据图形的大小和所绘制物体的复杂程度来选择适当的图纸幅面，优先采用 1∶1 的比例确定图纸的尺寸。

表 1-6-1　图纸幅面尺寸　　单位：mm

幅面代号		A0	A1	A2	A3	A4
尺寸 $B\times L$		841×1189	594×841	420×594	297×420	210×297
图框	a	25				
	c	10			5	
	e	20		10		

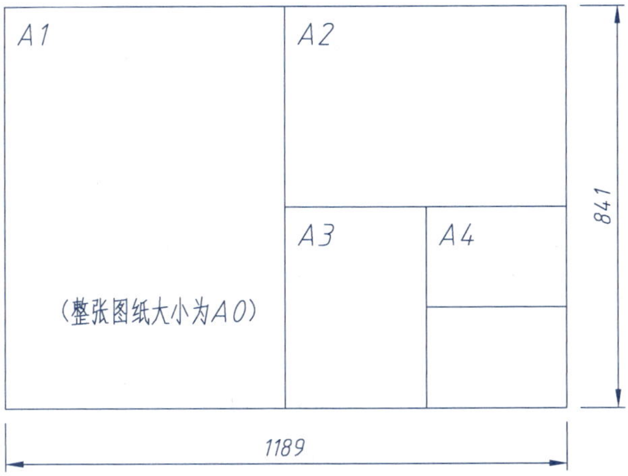

图 1-6-1　五种基本图幅之间的尺寸关系

1.6.2　绘制图纸边框

图纸分竖放和横放两种，图框分为留装订边和不留装订边两种，如图 1-6-2、图 1-6-3 所示。图框线要求用粗实线绘制。要特别注意：同一产品的图样，采用同一种图框格式。考虑到制图测绘作业需要整理装订上交，通常选用留装订边的形式。

1.6.3　绘制标题栏和明细栏

标题栏位于图纸右下角，如果购置的图纸没有印刷标题栏，需要手工绘制标准标题栏。国家标准推荐采用如图 1-6-4 所示的标题栏。

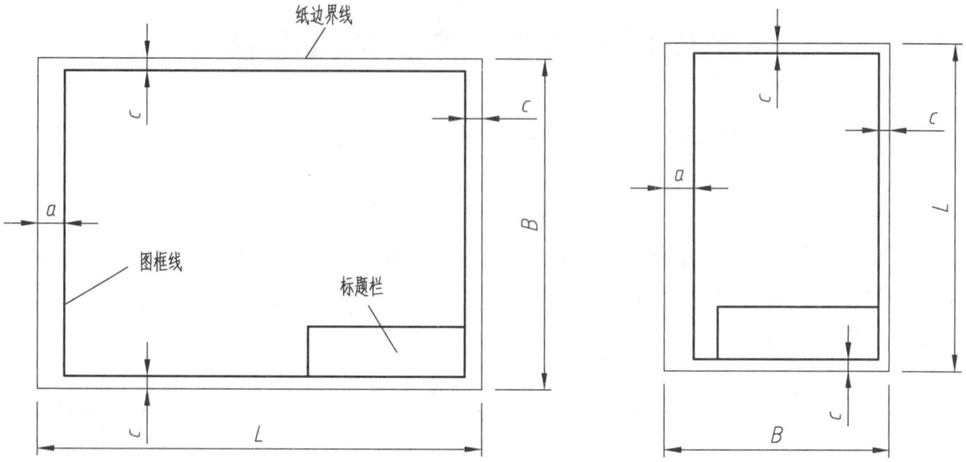

图 1-6-2　留装订边的图纸

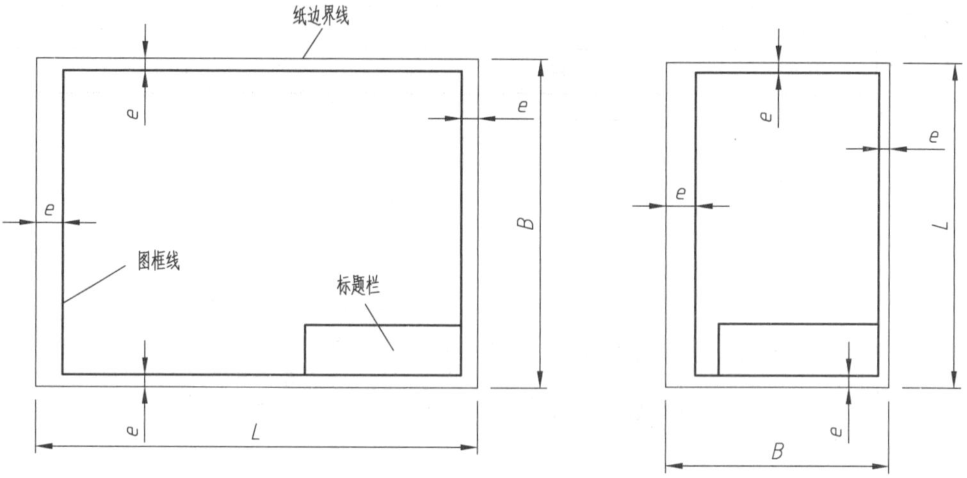

图 1-6-3　不留装订边的图纸

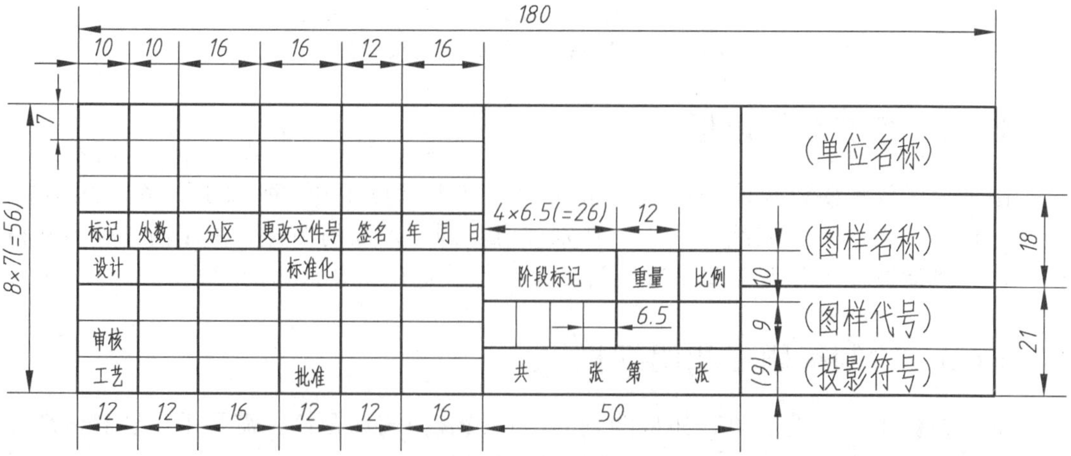

图 1-6-4　国家标准推荐使用的标题栏的样式

一般情况下以标题栏中的文字方向为看图方向。对预印好标题栏的图纸，允许逆时针旋转图幅画图，按方向符号指示的方向看图，如图 1-6-5（a）所示，方向符号的画法如图 1-6-5（b）所示。

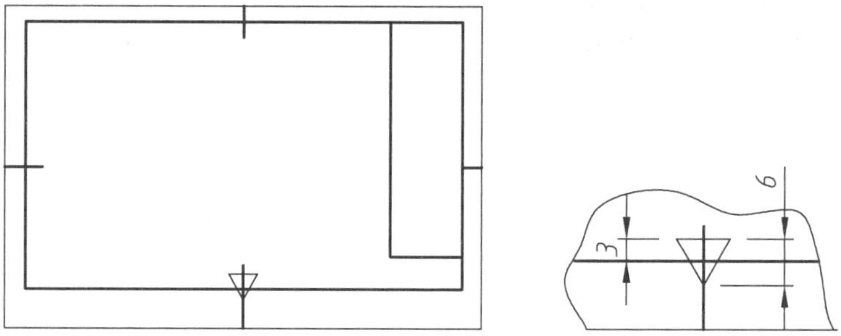

（a）　　（b）

图 1-6-5　看图方向符号的绘制

装配图还需要绘制明细栏，明细栏的格式和尺寸如图 1-6-6 所示。

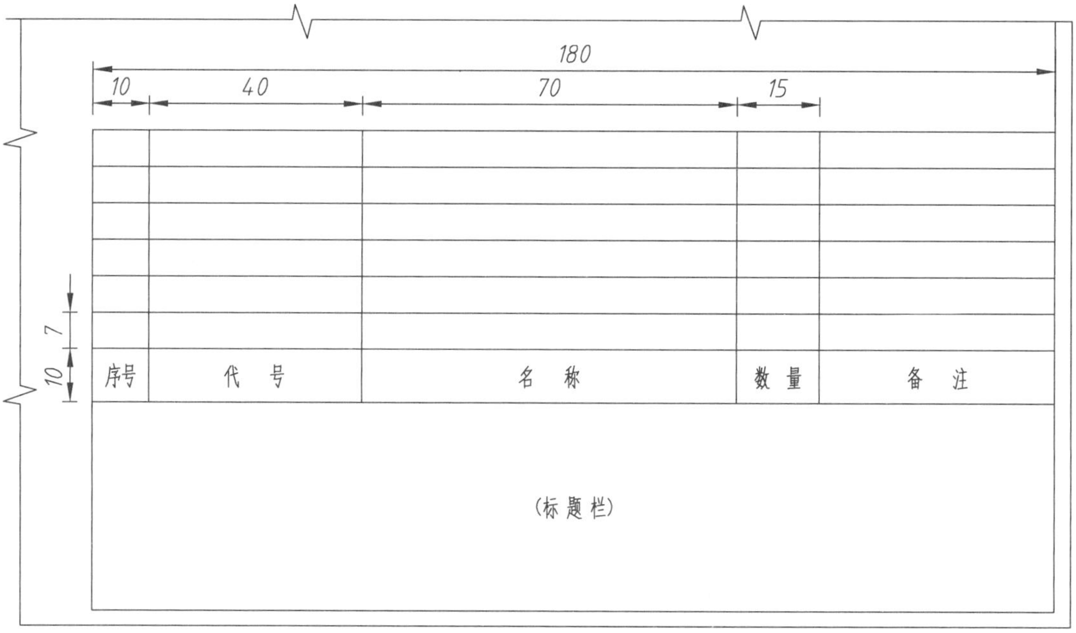

图 1-6-6　明细栏格式

（1）明细栏中由下向上填写的序号应与图形中的顺序对应。

（2）明细栏中的“代号”就是标题栏中的“图样代号”。但在装配图中，标题栏内的图样代号是填写反映产品代号和部件号之间的隶属关系，明细栏中的代号还应反映该部件所属的分部件和零件，需多反映一层隶属关系。

（3）填写“名称”时应力求简明，如“六角头螺栓”，填写“螺栓”即可。

（4）“数量”是指该序号的零件在所属装配体中有几件。要注意的是，标题栏中一般不设“数量”栏目。

（5）“备注”栏目中填写必要的补充说明，例如分区代号、表面处理要求，或说明“外购”“无图”等。

（6）在明细栏上填写标准件时，其标记允许拆项填入。例如，“螺栓 GB/T 82 M12 × 80”，可将“GB/T 5782—2000”填入“代号”栏目，在“名称”栏目中则填写“螺栓 M12 × 80”。

项目1　任务学习单

<table>
<tr><td colspan="2">项目名称</td><td>项目编号</td><td>小组号</td><td>组长姓名</td><td>学生姓名</td></tr>
<tr><td colspan="2">实训准备</td><td></td><td></td><td></td><td></td></tr>
<tr><td rowspan="6">学生自主
任务实施</td><td colspan="5">1. 常用的机械拆装工具主要有哪些？
（提示：采用网络查询法、资料查询法、小组讨论法）</td></tr>
<tr><td colspan="5"></td></tr>
<tr><td colspan="5">2. 常用的测量工具主要有哪些？
（提示：采用网络查询法、资料查询法、小组讨论法）</td></tr>
<tr><td colspan="5"></td></tr>
<tr><td colspan="5">3. 常用的绘图工具主要有哪些？
（提示：采用网络查询法、资料查询法、小组讨论法）</td></tr>
<tr><td colspan="5"></td></tr>
<tr><td>完成任务总结
（工欲善其事，
必先利其器）</td><td colspan="5">1. 存在其他问题与解决方案

2. 收获与体会

3. 其他建议</td></tr>
</table>

项目 1　任务评价单

<table>
<tr><td>班级</td><td></td><td>学号</td><td></td><td colspan="2">姓名</td><td></td><td>日期</td><td colspan="2"></td><td>成绩</td><td></td></tr>
<tr><td>小组成员
（姓名）</td><td colspan="11"></td></tr>
<tr><td>职业能力评价</td><td>分值</td><td colspan="3">自评（10%）</td><td colspan="4">组长评价（20%）</td><td colspan="3">教师综合评价（70%）</td></tr>
<tr><td>完成任务思路</td><td>5</td><td colspan="3"></td><td colspan="4"></td><td colspan="3"></td></tr>
<tr><td>信息收集情况</td><td>5</td><td colspan="3"></td><td colspan="4"></td><td colspan="3"></td></tr>
<tr><td>团队合作</td><td>10</td><td colspan="3"></td><td colspan="4"></td><td colspan="3"></td></tr>
<tr><td>练习态度</td><td>10</td><td colspan="3"></td><td colspan="4"></td><td colspan="3"></td></tr>
<tr><td>考勤</td><td>10</td><td colspan="3"></td><td colspan="4"></td><td colspan="3"></td></tr>
<tr><td>讲演与答辩</td><td>35</td><td colspan="3"></td><td colspan="4"></td><td colspan="3"></td></tr>
<tr><td>按时完成任务</td><td>15</td><td colspan="3"></td><td colspan="4"></td><td colspan="3"></td></tr>
<tr><td>善于总结学习</td><td>10</td><td colspan="3"></td><td colspan="4"></td><td colspan="3"></td></tr>
<tr><td>合计评分</td><td>100</td><td colspan="3"></td><td colspan="4"></td><td colspan="3"></td></tr>
</table>

项目 2

AutoCAD 绘图准备

工作任务 2.1　二维 AutoCAD 绘图准备

2.1.1　设置图层

用 AutoCAD 绘图时，图形元素处于某个图层上，默认情况下当前层是 0 层，若没有切换至其他图层，则所画图形都在 0 层上。每个图层都有与其相关联的颜色、线型、线宽等属性信息，用户可以对这些信息进行设定或修改。当在某层上作图时，生成的图形元素的颜色、线型、线宽就与当前层的设置完全相同（缺省情况）。对象的颜色将有助于辨别图样中的相似实体，而线型、线宽等特性可轻易地表示出不同类型的图形元素。

图层是用户管理图样的强有力工具。绘图时应考虑将图样划分为哪些图层以及按什么样的标准进行划分。如果图层的划分较合理且采用了良好的命名，则会使图形信息更清晰、更有序，为以后修改、观察及打印图样带来很大便利。例如，对于机械图，常根据图形元素的性质划分图层，因而一般创建轮廓线层、中心线层、虚线层、剖面线层、尺寸标注层和文字说明层，建议设置图层如表 2-1-1 所示，设置线型比例为 0.4。

表 2-1-1　图层设置建议

名称	颜色	线型	线宽	用途
01	白	Continuous	0.5	粗实线
02	绿	Continuous	0.25	细实线
04	黄	ACAD_ISO02W100	0.25	细虚线
05	红	ACAD_ISO04W100	0.25	细点画线
07	洋红	ACAD_ISO05W100	0.25	双点画线
08	绿	Continuous	0.25	尺寸标注、投影连线
09	绿	Continuous	0.25	零件序号
10	绿	Continuous	0.25	剖面符号及剖面线
11	绿	Continuous	0.25	文本、技术要求

注：为了方便记忆和管理，可以直接使用某种对象的名称命名图层，如：虚线、尺寸标注等。

2.1.2 设置图形界限

在应用 AutoCAD 软件进行设计操作时，经常会遇到一些在看图纸的时候无法全部显示图纸，或者在绘图的时候鼠标遇到边界无法在边界外绘制图纸的情况，这个限制用户看和使用的“枷锁”就是“图形界限”。下面介绍“图形界限”的设置、开启以及关闭。

步骤 1 进入“图形界限”命令。如图 2-1-1 所示，在打开的 CAD 文件中点击“格式”，然后在下拉菜单中点击“图形界限”，进入“图形界限”设置界面（快捷方式为“ LIMITS”）。

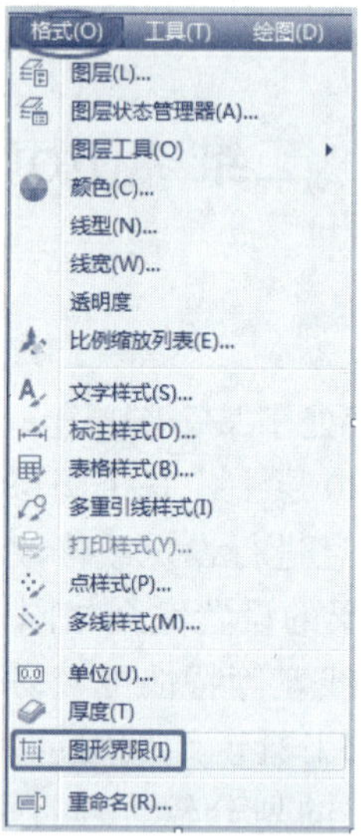

图 2-1-1 “图形界限”命令

步骤 2 指定图形界限的范围坐标。在设置图形界限的界面，首先弹出的是设置“左下角”坐标，通常输入“0,0”（注意中间是半角的逗号，即切换至英文输入状态时输入的逗号），如图 2-1-2 所示。

图 2-1-2 指定图形界限的范围坐标

输入后按【Enter】键，如图 2-1-3 所示，提示输入“右上角点”，此时以 A3 图纸为例，输入“420,297”后按【Enter】键。

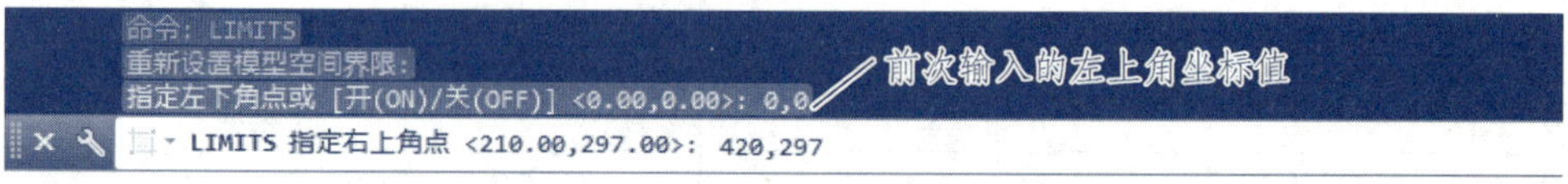

图 2-1-3 指定图形界限的范围坐标

这一步是确定图形界限的大小的，图形界限的大小和你要画的图形和比例有关系，设置一个足够大的图形界限可以一步到位看到全部图形。

步骤 3 查看图形界限。在命令栏中输入“Z”，然后按【Enter】键确认，接着再输入“A”，最后按[Enter]键确认（这个是实施缩放命令）。这样就可以看到全部显示的图纸。

2.1.3 图形界限的开启关闭

以上步骤的设置都是在图形界限开启的时候才可以用到，其实 CAD 的空间是无限的，图形界限可以不用设置，而是直接关闭。

关闭和开启的方法是进入到“图形界限”设置界面后，输入“OFF”和“ON”分别对应关闭和开启图形界限。

在早期版本中，绘图时需要先知道图纸是 A4 还是 A3，再根据图幅设置一个图纸界限（也就是图纸的左下角和右上角），栅格点只显示在图纸界线内，用户也只能在这个图纸界限内绘图，在图纸极限外是无法定位点的，此外，通过图纸界限还可以控制缩放、打印等。

当初有这样的限制，是因为硬件性能较差，一个文件只能画一个图框。在进入 Windows 操作系统以后，大家慢慢也不怎么使用图形界限（Limits），虽然在 CAD 里保留了这个命令，在“打印”时也可以按“图形界限”来设置打印范围，在 CAD 的帮助中对于图形极限的描述现在也很有限。

工作任务 2.2　二维图纸打印输出

AutoCAD 提供了图形输入与输出接口。用 AutoCAD 绘制好图形后，可以使用多种方法输出。下面先介绍在模型空间中打印出图的操作流程。

步骤 1　“文件（F）”——“打印（P）...”（快捷键“Ctrl+P”），弹出“批处理打印”对话框如图 2-2-1（a）所示，点击“继续打印单张图纸”，进入“打印-模型”对话框，如图 2-2-1（b）所示。（注意：建议打印图纸前先将所有图线改成白色）。

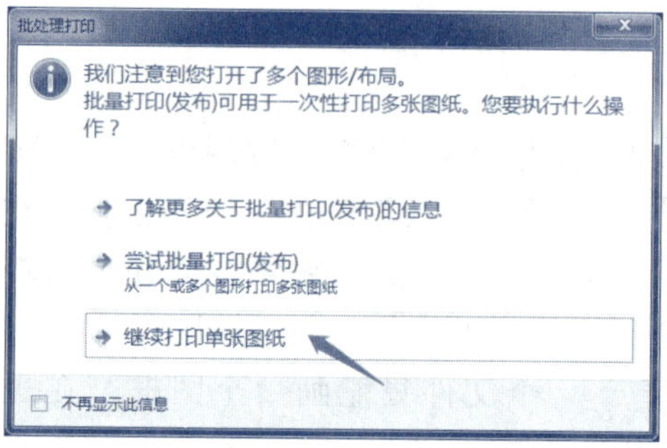

（a）

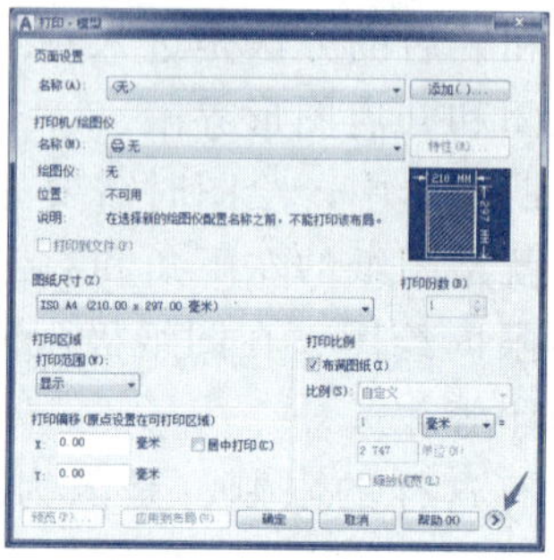

（b）

图 2-2-1　进入打印操作界面

步骤 2　单击如图 2-2-1（b）所示对话框右下角的按钮显示“打印对话框”的其他选项（如已展开则可忽略此操作）。在“打印机/绘图仪”选项区域的“名称”下拉列表中选择打印机，如果计算机上已经安装了打印机，可以选择已安装的打印机；否则可选择由系统提供的一个虚拟的电子打印机，这里选择一个 CAD 自带的 PDF 虚拟打印机“AutoCAD PDF（General Documentation）.pc3”。

步骤 3　在“图纸尺寸”选项区域中选择图纸，本例选择“ISO A4（210.00 × 297.00 毫米）”，这些图纸都是根据打印机的硬件信息列出的。

步骤 4　在“打印区域”选项区域的“打印范围”下拉列表中选择“窗口”，选择图形的左上角点和右下角点以确定要打印的图纸范围。如需重新选择打印“窗口”的位置，可单击“打印范围”右侧的“窗口（O）<”按钮，系统即可切换到绘图窗口。

步骤 5　去掉“打印比例”选项区域的“布满图纸”的选择，在“比例”选项中选择 1∶1，以保证打印出来的图纸是 1∶1 的工程图。在“打印偏移”选项区域中勾选“居中打印”。在“图形方向”选项区域中选择“横向”。进行上述 3 步的设置后，界面效果如图 2-2-2 所示。

在如图 2-2-2 所示对话框中左下角处单击“预览...”按钮显示即将要打印的图样，如符合要求，单击左上角的打印机“”按钮开始打印；若不满意单击关闭预览窗口“”按钮，返回到“打印-模型”对话框，再重新调整设置。如图 2-2-3 所示预览打印时发现图形不能完全显示，应按以下步骤更改所选图纸的有效打印区域，以增大打印的有效区域。

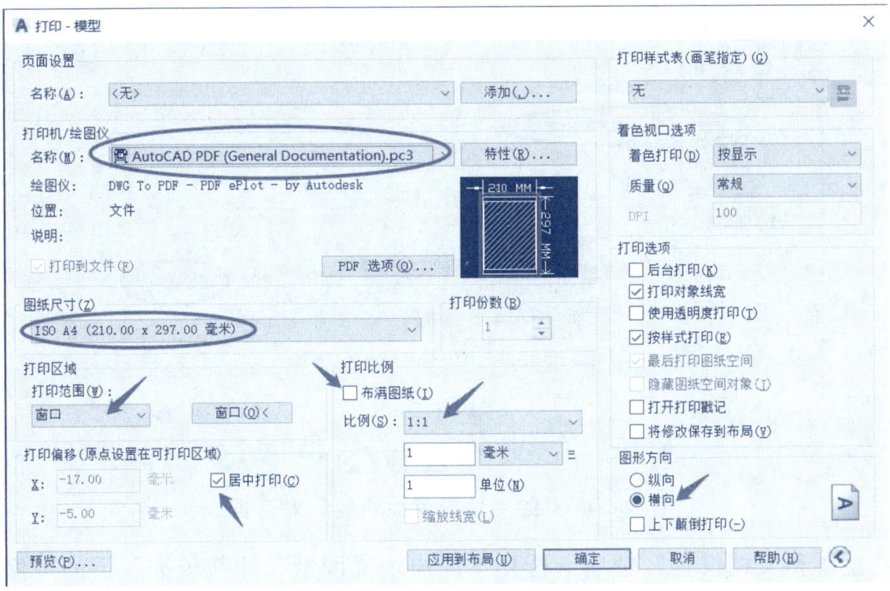

图 2-2-2　图纸打印设置界面

步骤 6　保持“打印-模型”对话框，点击“打印机/绘图仪”右侧的“特性...”按钮，打开“绘图仪配置编辑器”对话框，如图 2-2-4 所示。

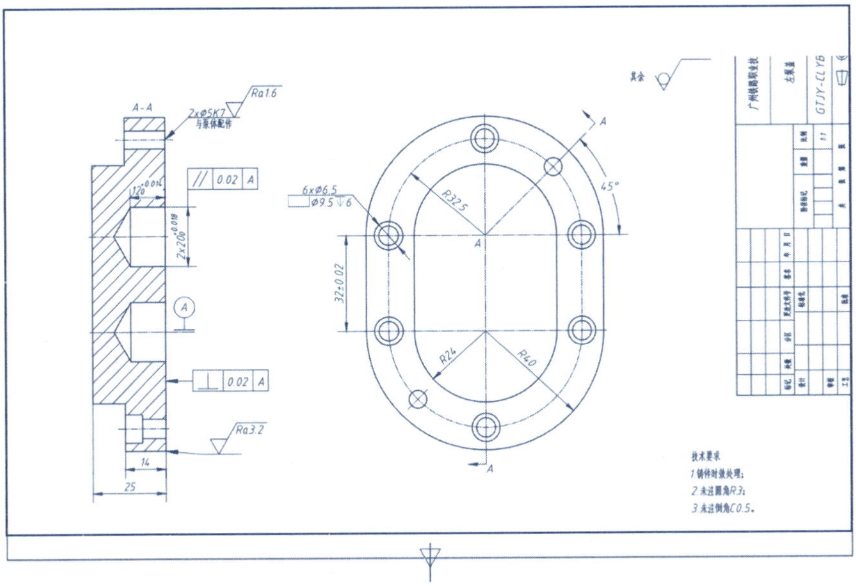

图 2-2-3　预览打印时发现图形不能完全显示的情况

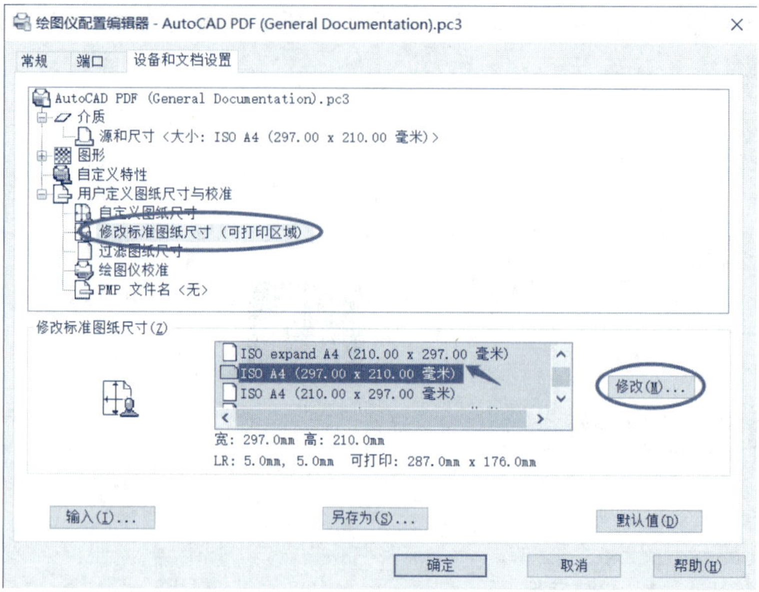

图 2-2-4 “绘图仪配置编辑器”对话框

在“设备和文档设置”选项卡选择“用户定义图纸尺寸与校准”下的“修改标准图纸尺寸（可打印区域）”。在“修改标准图纸尺寸”下拉列表中找到要修改的图纸，本例为“ISO A4（297.00×210.00 毫米）”，单击“修改（M）...”按钮，打开“自定义图纸尺寸-可打印区域”对话框，将图纸打印边界均设为“0”，如图 2-2-5 所示，单击“下一步（N）>”按钮，均采用默认设置直到“完成”。然后点击“确定”返回打印界面，再一次“确定”即完成图纸打印，如图 2-2-6 所示。

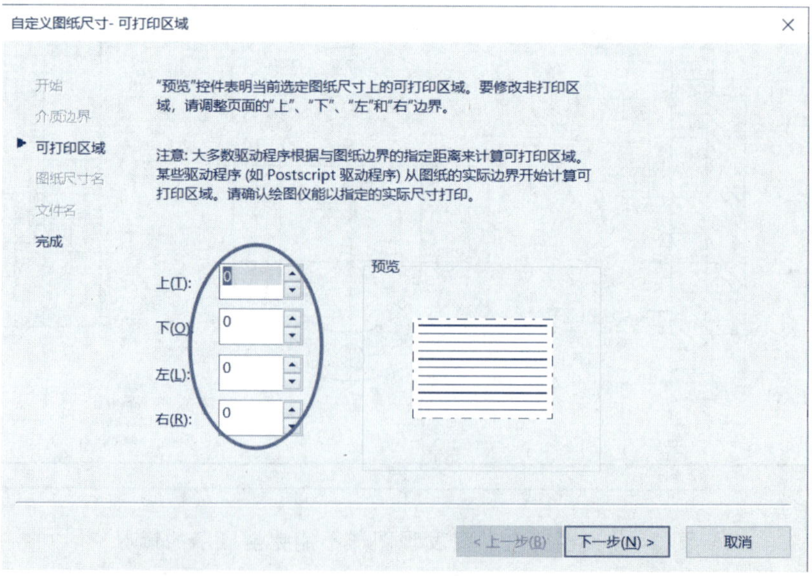

图 2-2-5 自定义图纸尺寸-可打印区域设置界面

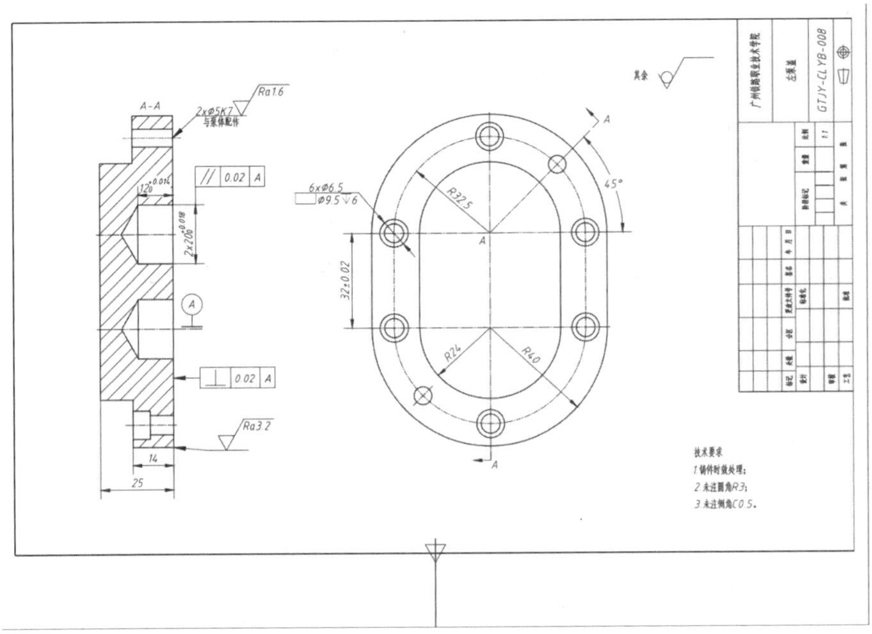

图 2-2-6　完成的左泵盖图纸打印效果

工作任务 2.3　三维 CAD 绘图准备

2.3.1　新建工程图图纸

工程图图纸是放置和编辑工程图的平台，在默认情况下，Solidworks 采用的是一系列国家标准的图纸格式，用户可以通过自定义图纸格式来得到自己需要的工程图模板；将工程图模板中的注释链接到零件或装配体的自定义属性，可在工程图中自动显示零件或装配体的信息。

下面介绍新建工程图图纸的一般操作步骤。

步骤 1　选择命令。选择下拉菜单“文件（F）”→“新建（N）...”或“Ctrl+N”命令，系统弹出如图 2-3-1 所示的“新建 Solidworks 文件”对话框。

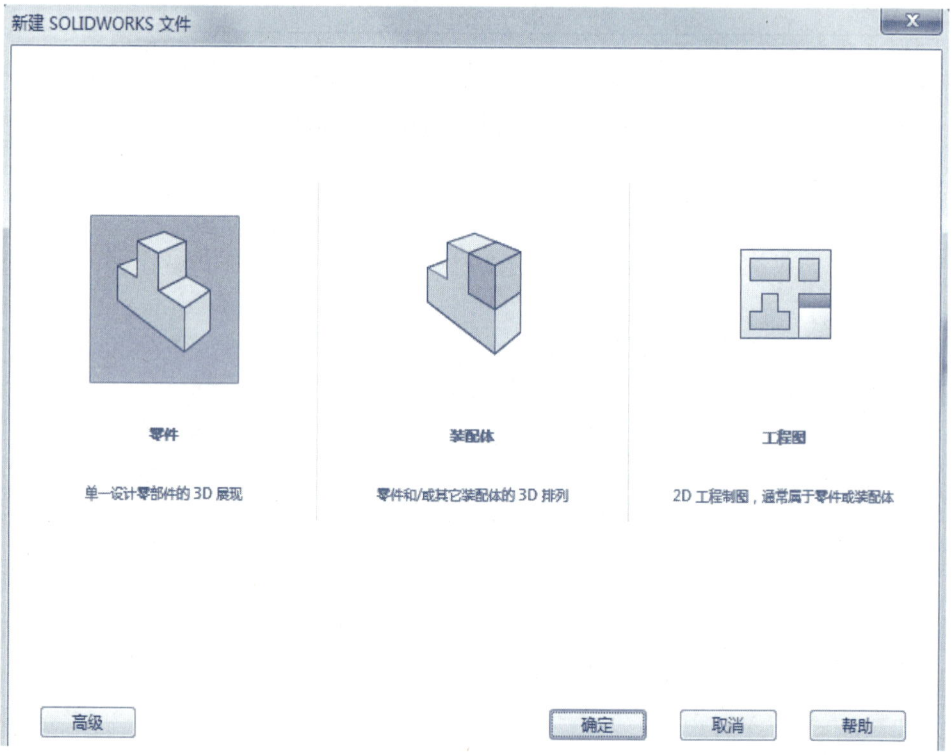

图 2-3-1　“新建 Solidworks 文件”对话框

步骤 2　在对话框中选择“工程图”，单击“确定”按钮，系统自动选择 A0 工程图模板，进入工程图环境，系统弹出如图 2-3-2 所示的“模型视图”对话框。

步骤 3　在“模型视图”对话框中单击“浏览...”按钮，选择要插入的零件或装配体，点击“打开”，开始创建工程图视图（当在“模型视图”对话框中直接单击 ✖ 按钮时，将生成一张空白图纸）。

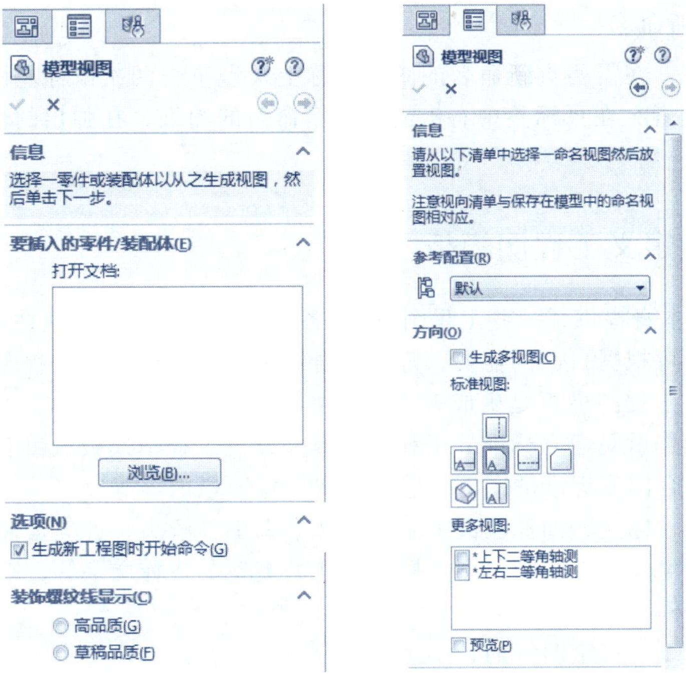

图 2-3-2 “模型视图”对话框

2.3.2 创建多页工程图图纸

在工程实践中，用户可以根据需要，在一个工程图中添加多页图纸，新添加的图纸默认使用原有图纸的格式。下面介绍工程图图纸的添加、排序和重新命名的一般过程。

1. 添加工程图图纸

在工程图环境中，添加工程图图纸有以下 3 种方法。

（1）选择下拉菜单“插入（I）”→“图纸（S）...”命令。

（2）在图纸的空白处右击，在弹出的快捷菜单中选择“添加图纸...”命令。

（3）在图纸页标签（通常位于左下角）中单击按钮。

2. 激活图纸

在工程图绘制过程中，当需要切换到另一图纸时，只需在设计树中右击需要激活的图纸，在弹出的快捷菜单中选择“激活（B）”命令，或者在页标签中直接单击需要激活的图纸。

3. 图纸重新排序

图纸的重新排序可以直接在设计树或页标签中，将需要移动的图纸拖拽到所需的位置。

4. 图纸重新命名

在设计树中，在需要重新命名的图纸名称上缓慢单击两次鼠标左键，然后输入图纸的新名称；或者，在页标签中右击需要重新命名的图纸，在弹出的快捷菜单中选择重新命名。

2.3.3 自定义工程图模板

Solidworks 本身提供了一些工程图模板，各企业在产品设计中往往都会有自己的工程图标准，这时可根据自己的需要，定义符合国标、企业标准的工程图模板。

基于标准的工程图模板是生成多零件标准工程图最快捷的方式，所以在制作工程图之前首要的工作就是建立标准的工程图模板。设置工程图模板大致有 3 项内容。

（1）建立符合国家标准的图框、图纸格式、标题栏内容等。

（2）设置尺寸标注，如标注文字字体、文字大小、箭头、各类延伸线等细节。

（3）调整已生成的视图的线型、标注尺寸的类型、注释文字等，以符合标准。

制作工程图模板具体步骤如下：

（1）新建图纸。指定图纸的大小。

（2）定义图纸文件属性，包括视图投影类型、图纸比例、视图标号等。

（3）编辑图纸格式，包括模板文件中的图形界限、图框线、标题栏并添加相关注解。

（4）添加关联参数，以便在工程图中自动显示参考模型的相关参数。

（5）保存模板文件至系统模板文件夹。

下面通过创建一个 A4 纵向图形模板来介绍创建一个简单工程图模板的方法。

1. 编辑图纸格式

图纸格式一般包括页面大小和方向、字体、图框和标题栏等；保存编辑好的图纸格式可供将来使用。下面以创建一张 A4 纵向图纸为例，介绍编辑图纸格式的一般操作步骤。

步骤 1 新建一张自定义的 A4 纵向空白工程图图纸（图纸宽度为 210.0 mm，高度为 297.0 mm）。

步骤 2 定义图纸属性。在设计树中右击“图纸 1”（或在图形区空白处右击），在弹出的快捷菜单中选择“属性...”命令，系统弹出如图 2-3-3 所示的“图纸属性”对话框，在“比例（S）”后的文本框中设置视图比例为 1 : 2，在“投影类型”区域中选中“第一视角（F）”单选按钮，选中“自定义图纸大小（M）”单选按钮，其他参数选项采用默认设置值，单击“应用更改”按钮。

图 2-3-3 所示的“图纸属性”对话框中各选项说明如下：

名称：当前图纸的名称。在新建一个工程图或工程图模板时，系统默认的图纸名称为“图纸 1”。

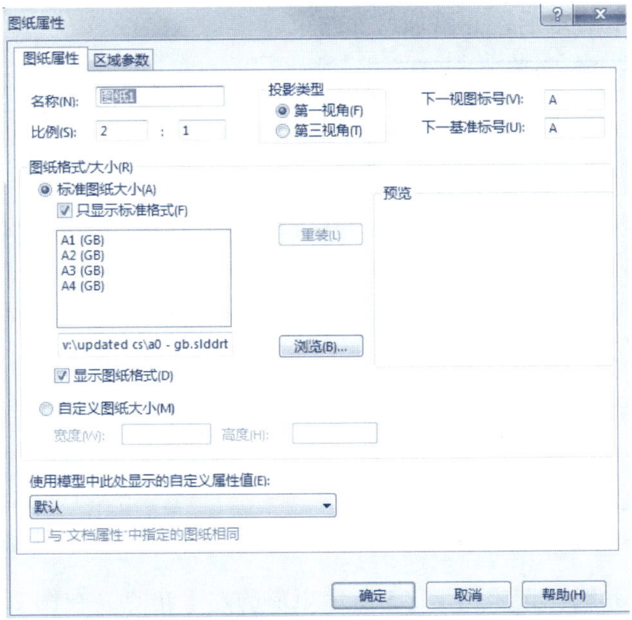

图 2-3-3 “图纸属性”对话框

比例（S）：用于设置当前视图的视图比例。

投影类型：投影类型包括“第一视角（F）”和“第三视角（T）”两种投影类型，其中“第一视角（F）”为中国以及欧洲常用的投影类型，“第三视角（T）”为日本及美国常用的投影类型。

下一视图标号（V）：用于设置新视图的标号。

下一基准标号（U）：用于设置新基准的标号。

“标准图纸大小（D）”单选按钮：为系统默认选中的单选按钮，选中此单选按钮，可在其下方的列表框中选择一个系统自带的图纸格式，如“A1（GB）”。

显示图纸格式(D) 复选框：选中此复选框，可选择系统默认绘图标准的图纸格式；如果取消选中此复选框，可选择包含其他绘图标准图纸的图纸格式。

自定义图纸大小(M) 单选按钮：选中此单选按钮，可在其下方的“宽度”“高度”文本框中输入相应的尺寸值来自定义图纸的尺寸规格。

浏览(B)... 按钮：单击此按钮，可选择一个用户已保存的自定义图纸格式。

步骤 3 进入编辑图纸格式环境。选择下拉菜单“编辑（E）”→“图纸格式（F）”命令[或在图形区空白处右击，在弹出的快捷菜单中选择“编辑图纸格式（F）”命令]，进入编辑图纸格式环境。

说明：进入编辑图纸格式环境后，在图纸格式环境中创建的视图、标注或注释等项目将不可见。

步骤 4 添加如图 2-3-4 所示的图形界限和图框线。

（1）删除原有的图形及文字。框选所有的直线及文字，按下【Delete】键，将其删除。

（2）绘制矩形。选择下拉菜单“工具”→“草图绘制实体”→“边角矩形”命令，绘制如图 2-3-5 所示的矩形，并添加尺寸约束。

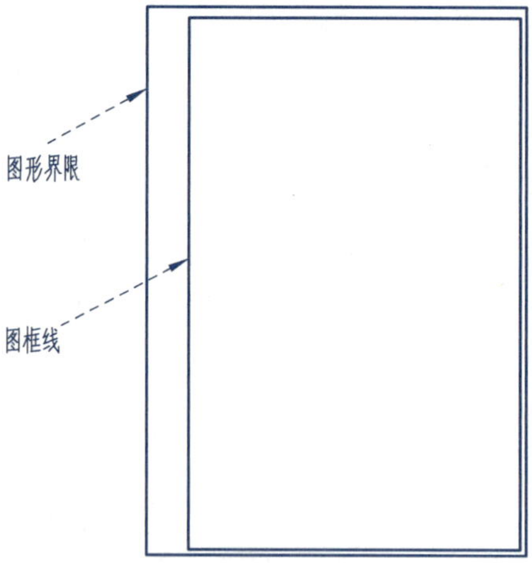

图 2-3-4　图形界限和图框线

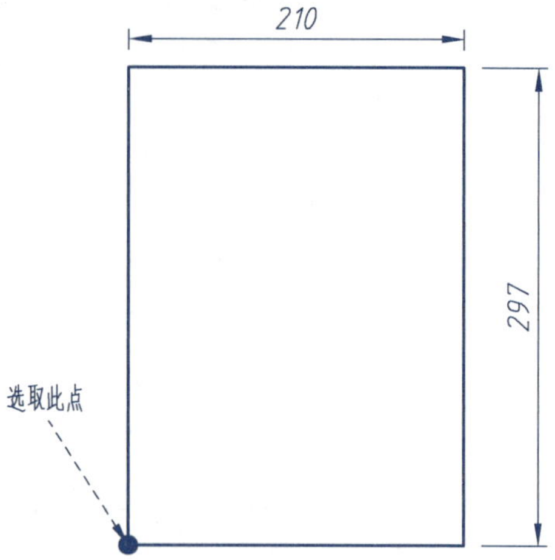

图 2-3-5　绘制矩形

（3）固定图形界线。选中图 2-3-5 所示矩形的左下角点，在图 2-3-6 所示的“点”对话框的“参数”区域中设定点的坐标为（0，0），并在“添加几何关系”区域中单击“固定”按钮，将点固定在原点上。

（4）绘制图框线并添加尺寸约束。在图 2-3-5 所示的矩形内侧绘制一矩形，并添加如图 2-3-7 所示的尺寸约束。

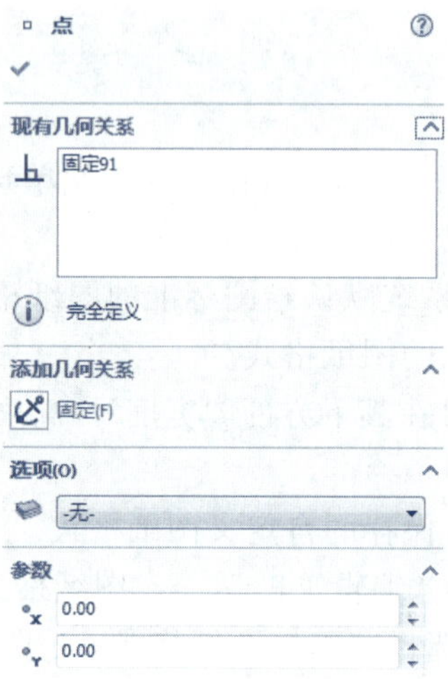

图 2-3-6　“点”对话框

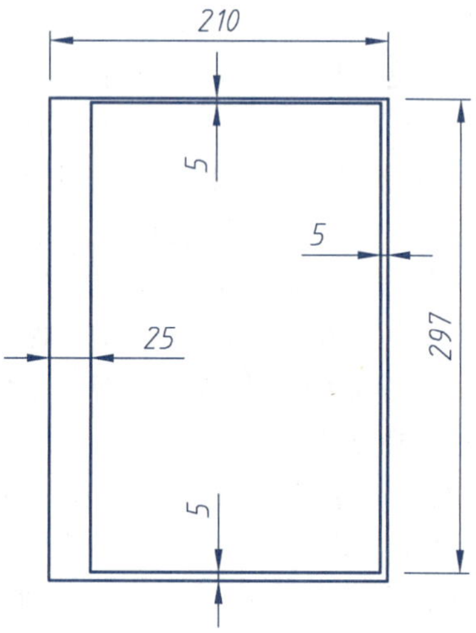

图 2-3-7　添加尺寸约束

（5）设置图框线线宽。在图形区选取内侧矩形的四条边线，单击“线型”工具栏中的 ☰ 按钮，在打开的线型框中选择第二种线宽来更改内侧矩形边线的线宽。

说明：如果在对话框中没有显示“线型”工具栏，请右击工具栏按钮区，在弹出的快捷菜单中选取线型 线型(L) 命令。

步骤 5 添加标题栏。利用草图工具绘制如图 2-3-8 所示的标题栏，并添加尺寸约束及设置线宽。

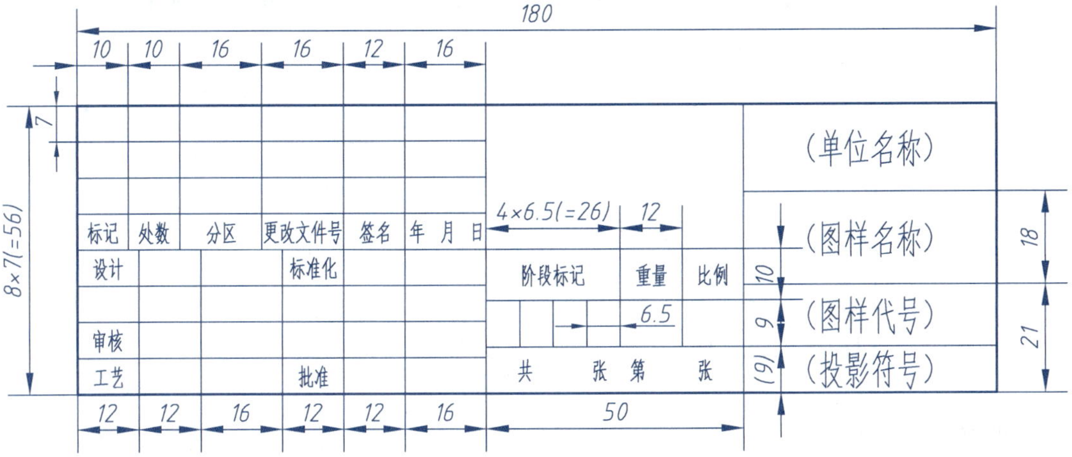

图 2-3-8 添加标题栏

步骤 6 隐藏尺寸标注。保持在“编辑图纸格式”状态不退出，选择下拉菜单视图“视图（V）”→“隐藏/显示（H）”→ 注解(A) 命令，光标变为状态，依次选取图纸上的所有尺寸，此时被选中的所有尺寸标注线颜色均变浅，按下【Esc】键，所选的尺寸全部被隐藏，如图 2-3-9 所示。

图 2-3-9 隐藏尺寸标注

步骤 7 添加注解文字。

（1）选择命令。选择下拉菜单“插入”→“注解（A）”→ 注释(N)... 命令，系统弹出“注释”对话框。

（2）选择引线类型。单击 **引线(L)** 区域中的“无引线”按钮。

（3）创建文本。在如图 2-3-9 所示的标题栏中创建如图 2-3-10 所示的注释文本，确认字高为“3.5”。

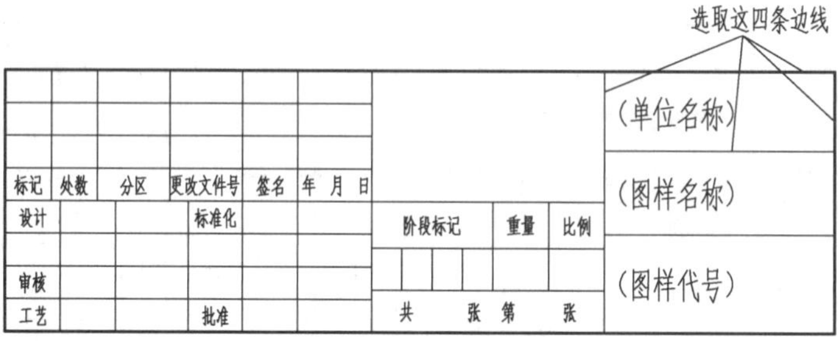

图 2-3-10 添加注释

步骤 8 调整注释文字。选取注释“（单位名称）”并右击，在弹出的快捷菜单中选择“捕捉到矩形中心（L）”命令，再选取图 2-3-10 所示的四条边线，系统自动将选取的注解调整到四条边线组成的矩形中心；以同样的方式设置其他注释，调整完成后，效果如图 2-3-11 所示。

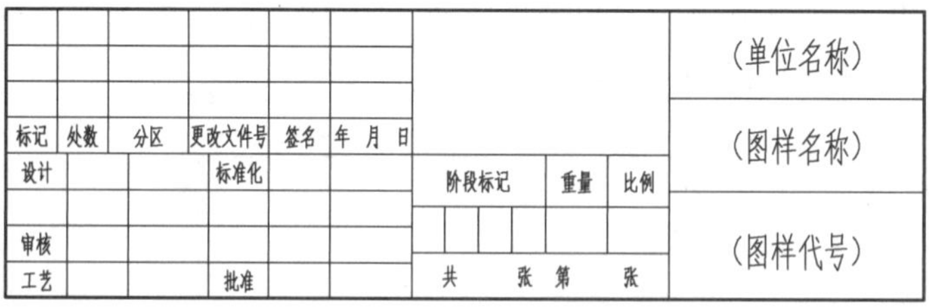

图 2-3-11 对齐注释文字

2. 链接注释到属性

将图纸格式中的注释链接到属性，可以将在零件或装配体中添加的自定义信息自动反映到工程图中，其操作步骤如下：

步骤 1 选择链接文字注释。双击“（单位名称）”注释，删除注释框中的文字，在图形区左侧，如图 2-3-12 所示的“注释”对话框中单击“文字格式（T）”区域中的“链接到属性”按钮，系统弹出如图 2-3-13 所示的“链接到属性”对话框。

步骤 2 在“链接到属性”对话框中选中“此处发现的模型”单选按钮，并在其列表中选择“‘图纸属性’中指定的工程图时图”选项，然后单击“文件属性（F）”按钮，此时弹出“摘要信息”对话框。

步骤 3 在“摘要信息”对话框中定义一个新的属性。属性名称为“单位名称”，类型为“文字”；单击“确定”按钮。

说明：在添加属性链接时，若工程图已与含有自定义信息零件有关联性，此步可跳过。

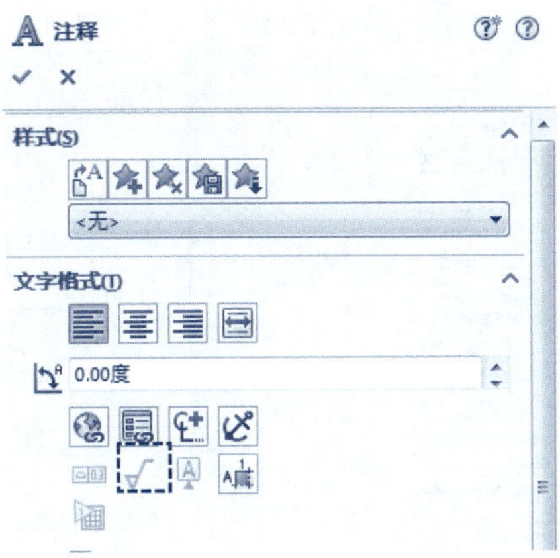

图 2-3-12 “注释”对话框

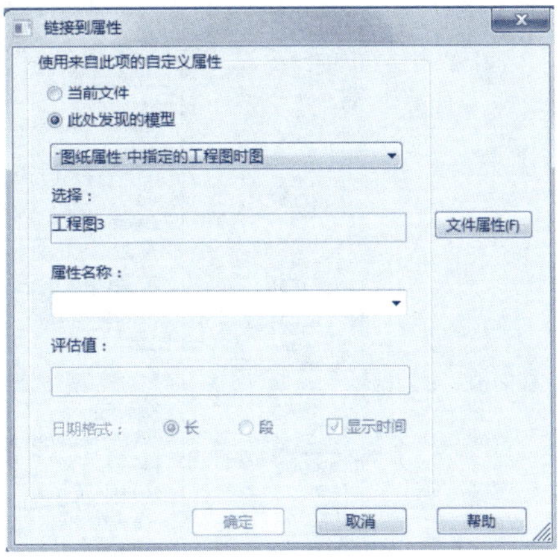

图 2-3-13 “链接到属性”对话框

步骤 4 在“链接到属性”对话框“属性名称：”的下拉列表中选择“单位名称”，单击“确定”按钮，关闭“链接到属性”对话框，在“注释”对话框中单击 ✓ 按钮，完成对注释“(单位名称)”属性链接的添加。

步骤 5 以同样的方式，为其他注释添加链接属性。将“(图样名称)”的链接属性设置为“名称”，将“(图样代号)”的链接属性设置为“代号”，将“(材料标记)”的链接属性设置为“材料”。

步骤 6 在标题栏“重量”下方的单元格中插入注释，同时单击“注释”对话框的按钮，将链接属性设置为“重量”；在“比例”下方的单元格中插入注释，同时单击“注释”对话框的按钮，在“链接到属性”对话框中选中“当前文件”单选按钮，在下拉列表中选取“SW-图纸比例（Sheet Scale）”选项，关闭对话框，完成属性链接的添加。

说明：

- 在添加属性链接时，请将注释中已存在的文字删除。
- 以上步骤中添加的链接属性名称必须与工程图参考模型中所设置的链接属性名称相同，否则在插入参考模型时，会链接失败。

3. 为图纸设置国标环境

我国国家标准（GB 标准）对工程图做了许多规定，如尺寸文本的方位与字高、尺寸箭头的大小等都有明确的规定。下面介绍在图纸格式中设置国标环境的部分操作步骤。

步骤 1 选择命令。选择下拉菜单“工具（T）”→“选项（P）...”命令，系统弹出“系统选项（S）-普通”对话框。

步骤 2 设置“文档属性”选项卡参数。单击“文档属性（D）”选项卡，在该选项卡的左侧选项区中选择“绘图标准”选项，在“总绘图标准”下拉列表中选择“GB”选项。

步骤 3 在对话框左侧的选项区中选取“尺寸”选项，在对话框中添加如图 2-3-14 所示的设置。

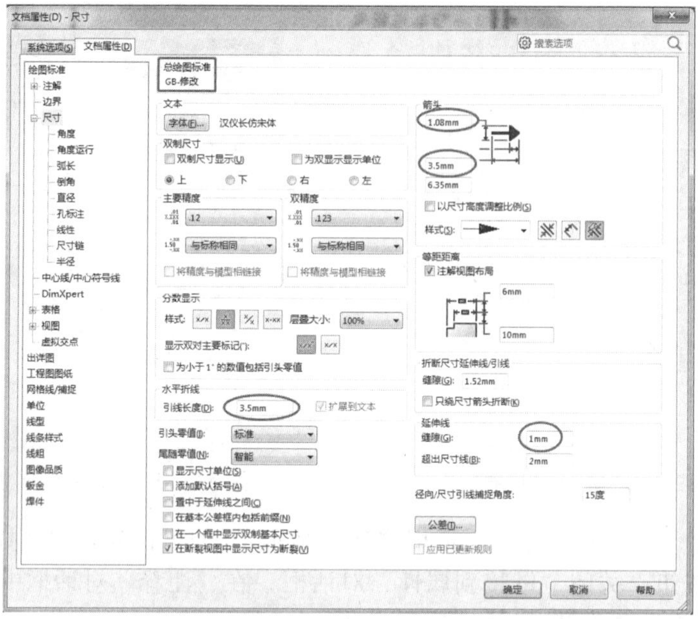

图 2-3-14 “文档属性（D）-尺寸”对话框

步骤 4 在对话框左侧的选项区中选取“出详图”选项，在对话框中添加如图 2-3-15 所示的设备。

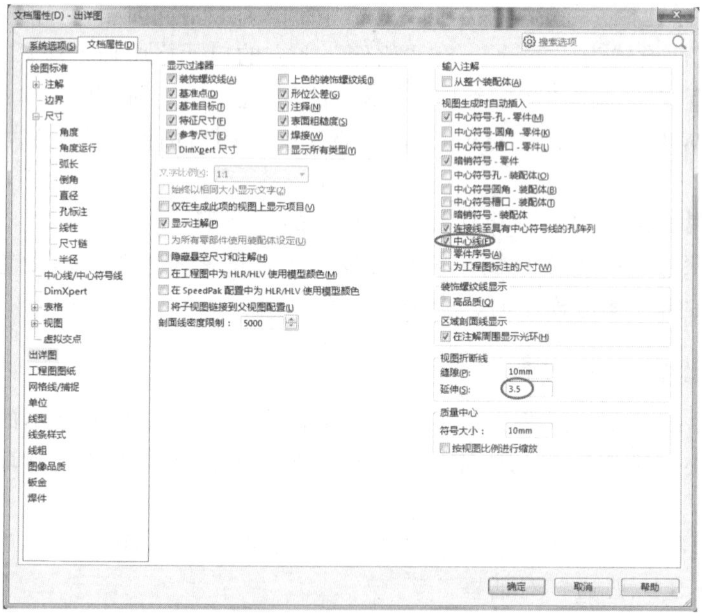

图 2-3-15 “文档属性（D）-出详图”对话框

步骤 5 在对话框左面的选项区中选取“+注解”选项，在如图 2-3-16 所示的对话框中单击“字体...”按钮，将其字体设置为“仿宋_GB2312”，字高设置为“3.5”。

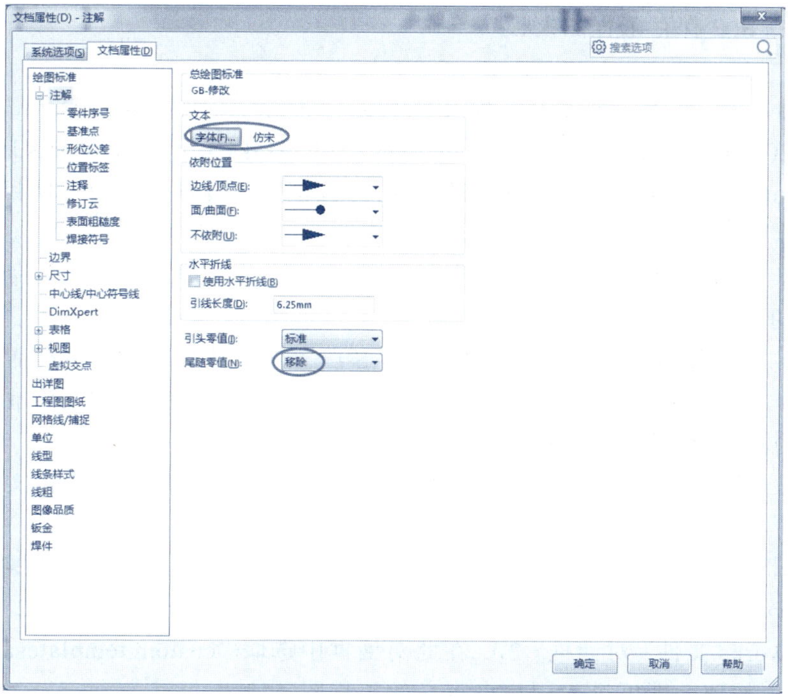

图 2-3-16 “文档属性（D）-注解”对话框

步骤 6 设置其他参数。用户可根据需要在“系统选项（S）”选项卡和“文档属性（D）”选项卡中设置其他参数，最后单击“确定”按钮。

步骤 7 在图形区空白处右击，在弹出的快捷菜单中选择“编辑图纸（G）”命令，进入编辑图纸环境。

4. 保存图纸格式

当保存图纸格式时，读者在工程图文件中添加的所有自定义属性都将与图纸格式一起保存。其操作步骤为：选择下拉菜单“文件（F）”→“保存图纸格式（T）”命令，系统弹出“保存图纸格式（T）...”对话框，在“文件名（N）”后的文本框中输入文件名“standard format _ A4”，选择路径 C：\Program Files\ Solidworks Corp\Solidworks \ lang\chinese-simplified\sheetformat（该路径一般情况为默认。由于文件“只读”的保护属性可能导致无法成功保存，因此保存前应先去掉文件属性“只读”选项前面的勾），单击“保存”按钮，保存工程图图纸格式。

5. 保存工程图模板

在工程图模板中可以预定义图纸格式、多图纸以及工程图视图。下面介绍保存工程图模板文件的方法：选择下拉菜单“文件”→“另存为”命令，系统弹出“另存为”对话框，在“文件名（N）:”后的文本框中输入文件名“custom templatesa_A4”，在“保存类型（T）:”后的下拉列表中选择文件类型为“工程图模板（*.drwdot）”，选择路径 C：\ProgramData\ Solidworks \ Solidworks 2019\templates（该路径一般情况为默认），单击“保存”按钮，保存工程图模板。

说明：

● Solidworks 2019 默认的模板文件目录一般是 C：\ProgramData\ Solidworks\ Solidworks 2019\templates 和 C：\Program Files\ Solidworks Corp\Solidworks\lang\ chinese-simplified\Tutorial，所以在新建工程图模板时应该正确地设置好模板文件目录，具体设置过程如下。

步骤 1 选择命令。选择下拉菜单“工具（T）”→“选项（P）...”命令，系统弹出“系统选项”对话框。

步骤 2 选择设置项目。在“系统选项（S）”选项卡中单击“文件位置”选项，系统弹出如图 2-3-17 所示的“系统选项（S）-文件位置”对话框，在“显示下项的文件夹（S）”下拉列表中选择“文件模板”选项。

步骤 3 更改目录设置。单击“添加（D）...”按钮，然后选择模板文件的目录，单击“确定”按钮，完成模板文件目录的设置。

● 工程图模板文件创建完成后，在下一次新建工程图时，单击如图 2-3-18 所示的“新建 Solidworks 文件”对话框（1）中的“高级”按钮，系统弹出如图 2-3-19 所示的“新建 Solidworks 文件”对话框（2），在此对话框中选取“custom templatesa_A4”选项，单击“确定”按钮，即可进入用户自定义的工程图环境。

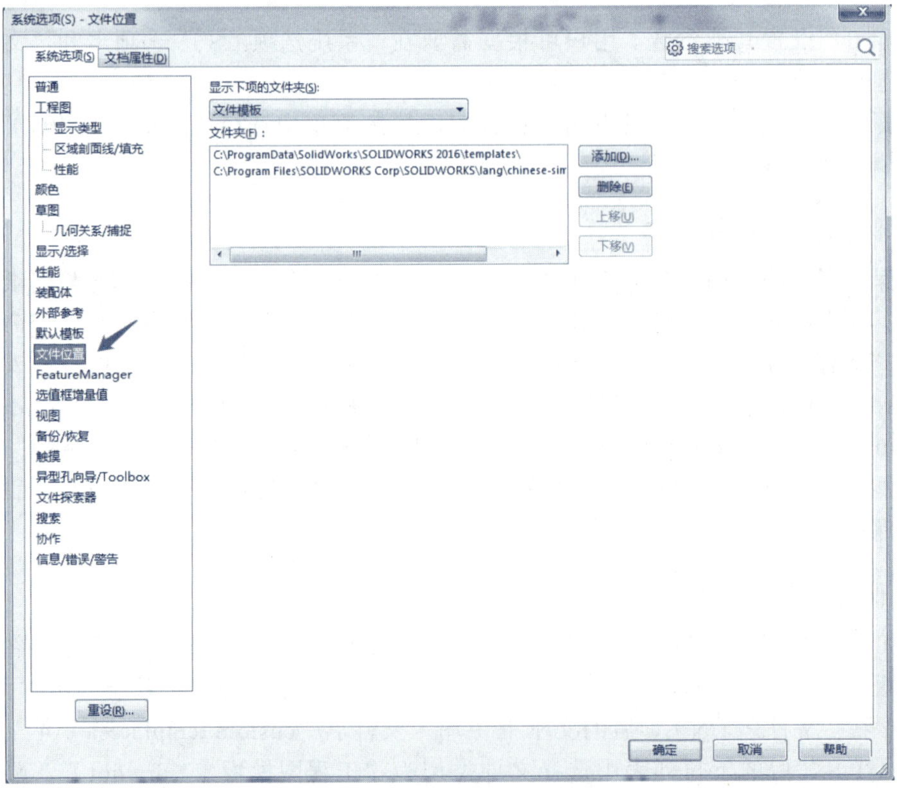

图 2-3-17 “系统选项（S）-文件位置”对话框

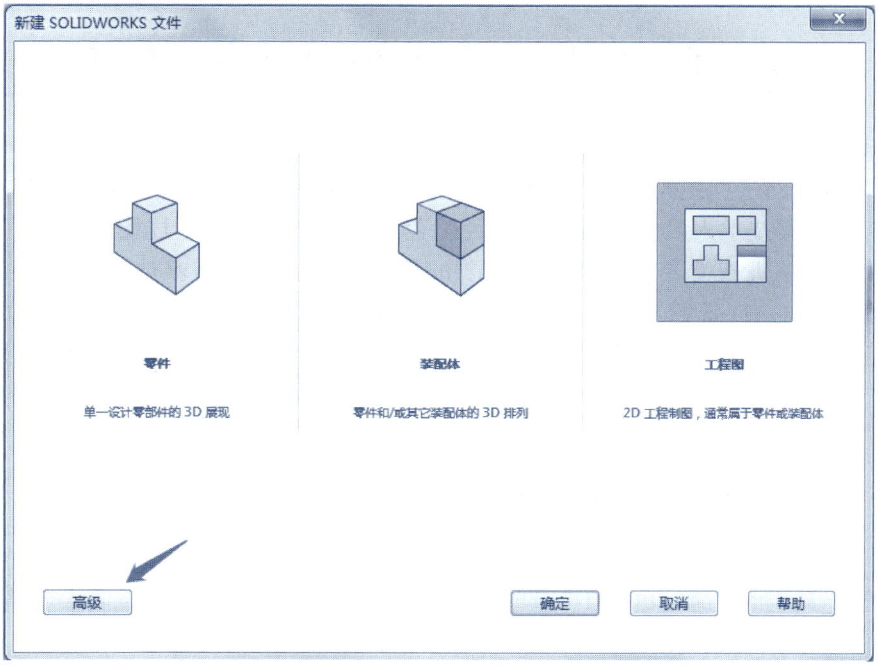

图 2-3-18 “新建 Solidworks 文件”对话框（1）

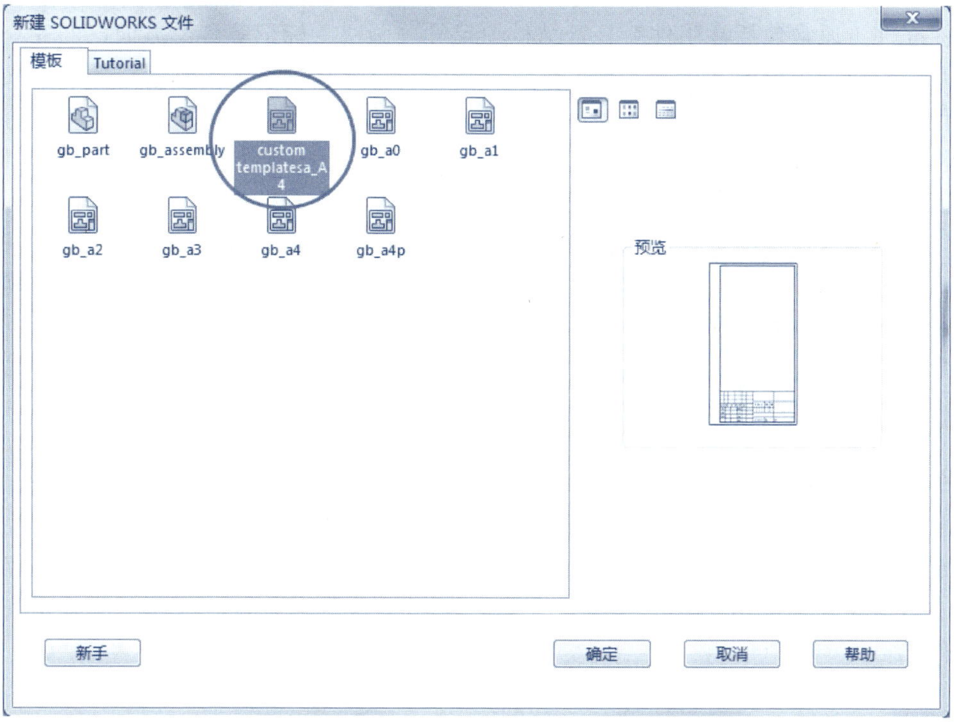

图 2-3-19 “新建 Solidworks 文件”对话框（2）

工作任务 2.4　学习绘制草图及绘制技法

草图是以目测估计图形与实物的比例，按一定画法要求徒手绘制的图，可分为二维草图和三维草图（轴测草图）两种，其中以二维草图居多。画草图是一种快速的徒手绘图，是工程技术人员必须具有的一种工程素质和必备的基本技能。

机械制图是机械类专业中的一门重要的技术基础课。但随着计算机（信息技术）的迅猛发展和 CAD 等绘图软件的普遍应用，传统的手工制图已经受到很大的挑战。但并不意味着该技法即将消失，相反，该技术非常适合于现场讨论交流和技术改进优化等场合，因此同学们在平时学习中要有意识地加强该项练习以适应企业现场生产的需要。

2.4.1　零件分类

任何机器或部件都是由若干零件装配而成的，在工厂应用层面，零件通常被简单地分为标准件和非标准件两大类：

1. 标准件

标准件（通常包括常用件）是指结构、尺寸、画法、标记等各个方面已经完全标准化，并由专业厂生产的常用零（部）件，如螺纹件、键、销、滚动轴承等等。广义包括标准化的紧固件、连接件、传动件、密封件、液压元件、气动元件、轴承、弹簧等机械零件。狭义仅包括标准化紧固件。国内俗称的标准件是标准紧固件的简称，是狭义概念，但不能排除广义概念的存在。此外还有行业标准件，如汽车标准件、模具标准件等，也属于广义标准件。标准零件的结构形状、尺寸大小已标准化，可查阅相关标准，一般不需要画出零件图。只要将其公称尺寸和主要尺寸测量出来，查阅相关设计手册，确定出规格、代号、标注方法和材料等，然后填入机器装配图明细栏中即可。

常用零件如齿轮、蜗轮、蜗杆、弹簧等，这类零件在机器中应用广泛，某些结构要素已经标准化，对结构形状参数及画法有严格的规定。画零件图时，可查阅相关标准。

2. 非标准件

非标准件也称作一般零件，主要是国家没有定出严格的标准规格，没有相关的参数规定，而由企业自由控制的其他配件。非标准件有很多品种，目前没有很规范的分类。一般零件又可划分为轴套类、轮盘类、叉架类和箱体类等，这类零件需要测绘画出零件图。

2.4.2　零件草图的绘制要求

零件草图是指在现场条件下，不用尺规等专用绘图工具，目测实物的大致尺寸和比例，按国家标准规定的画法徒手绘制的图样。一般在现场测绘、讨论设计方案、技术交流时通常需要绘制草图，所以徒手绘制草图是工程技术人员应具备的一项重要的绘图技能。

特别注意，草图并不等于潦草，所画图线要求线型分明、字体工整，符合国家标准；图样表达完整清晰、尺寸标注正确，零部件间的尺寸公差、几何公差、表面粗糙度的选择也要合理、正确，并且在标题栏内需填写零件名称、材料、数量、图号、重量等内容。

根据零件草图绘制要求可以看出，零件草图和零件图的内容要求完全相同，区别仅在于草图是目测比例和徒手绘制。在草图中，图形各部分之间的比例关系尽管不做严格要求，但也应大体符合实物各部分之间的比例。

2.4.3 草图图样选用的注意事项

草图的绘制可以在白纸上也可以在坐标纸（方格纸）上进行。通常由于在测绘现场没有良好的绘图环境，为了加快绘制草图的速度，提高图面质量，最好利用专用的坐标纸。当无坐标纸时，可在厚一些的白纸上绘制草图。绘制草图时一般使用 HB 或 B 型铅笔。

2.4.4 草图的绘制

因本课程实训时间有限，草图的绘制步骤和实际工况稍有区别，参加工作后可按实际要求操作。

1. 绘制草图前的准备工作

（1）零部件测绘的顺序。机器拆卸后，按部件和组件，逐一测绘所有零件。基体件是机器装配的核心，通常其他零部件需要安装于其上，其形状和结构一般都比较复杂，与其他零件相关的尺寸也较多，一般多为铸件、模锻件、压铸件、注塑件等，如底座、壳体、泵体等，最好优先测绘。对一些重要的轴类零件，如柴油机上的曲轴、凸轮轴和机床的主轴等，也应优先进行测绘。优先测量完重要零件后按照装配关系依次测量其他零件。

（2）分析零件的结构、用途和加工方法。测绘前，还需了解清楚被测绘零件在机器中的安装部位、作用、与其他零件间的相互关系，鉴别和判断零件的材料。详细观察零件外形和内部结构，分析零件是由哪些基本几何体组成。同时考虑零件的加工方法与工艺性，此外还要给零件一个恰当的命名。

2. 绘制草图的步骤

为保证绘图质量、提高绘图效率，绘制草图前要完全熟悉零件的每一个特征，不要看一点画一点。绘制草图可按以下顺序进行：

步骤 1 根据零件特征确定合适的表达方案。选图原则是表达完整清晰、视图简单。表达方案确定后，根据零件形状和尺寸选择绘图比例并确定图样幅面，绘图比例应从国家标准规定的比例系列中选择，同时兼顾视图的完整清晰、标注尺寸不困难为准。

步骤 2 绘制零件的主要对称中心线、轴线、基准面等确定视图位置。

步骤 3 先画主要部分（大形体），再画次要部分（小形体），最后画细节部分（如倒角、圆角、退刀槽、凸台、凹坑、锥顶角等）并仔细检查不要遗漏；从整体到局部，从外到内完成各视图的底稿。

步骤 4 分析零件加工工艺、结构特征以确定零件尺寸基准，按照正确、完整、清晰的基本要求，尽可能合理地绘制所有尺寸（定位尺寸、定形尺寸、整体尺寸等）的尺寸界线和尺寸线、尺寸箭头，为后续集中测量添加尺寸数字做好准备。注意：尺寸线完成后要仔细校对，检查是否有遗漏和不合理的地方，进一步修改完善。

步骤 5 用量具测量零件尺寸，并将实测值添加到草图上。

步骤 6 确定各配合表面的尺寸公差、几何公差各表面的表面粗糙度和零件的材料并进行尺寸圆整。

步骤 7 绘制剖面线，填写标题栏和技术要求。

步骤 8 最后全部校核一次，签名。

2.4.5 常用的草图目测方法

草图的图形与零件的大小比例上并不要求十分确切，但图形上所显示零件各部分的相对大小应大致符合零件各部分真实的相对大小，这样才能不失零件的真实形状。初学时，目测能力较差，不善于把握比例，可用铅笔当直尺放在实物上直接测出各部分大小[见图 2-4-1（a）]，按测得的大致尺寸画出草图。在测绘形体较大的机件时，如图 2-4-1（b）所示，用手握铅笔进行目测度量。用铅笔比量时应注意，人的位置保持不动，手臂伸直（保持一定视距）。人与机件的距离应根据所画图形的大小来确定。

在实物测绘时，对所画的各线段长度的比例和倾斜程度，都由目测估计。如目测一物体的矩形表面，可以它的宽度与长度进行比较，即观察宽为长的几分之一，图形中各部分线段之间的比例都可以不断地进行观察比较来获得，如图 2-4-1（c）所示。

对直线倾斜度的目测可用两直角边的长度比较来进行。如画常见角度的倾斜线时，可按图 2-4-1（d）所示方法，也可观察斜线对其他线段的截点位置来画出倾斜线，如图 2-4-1（e）所示。

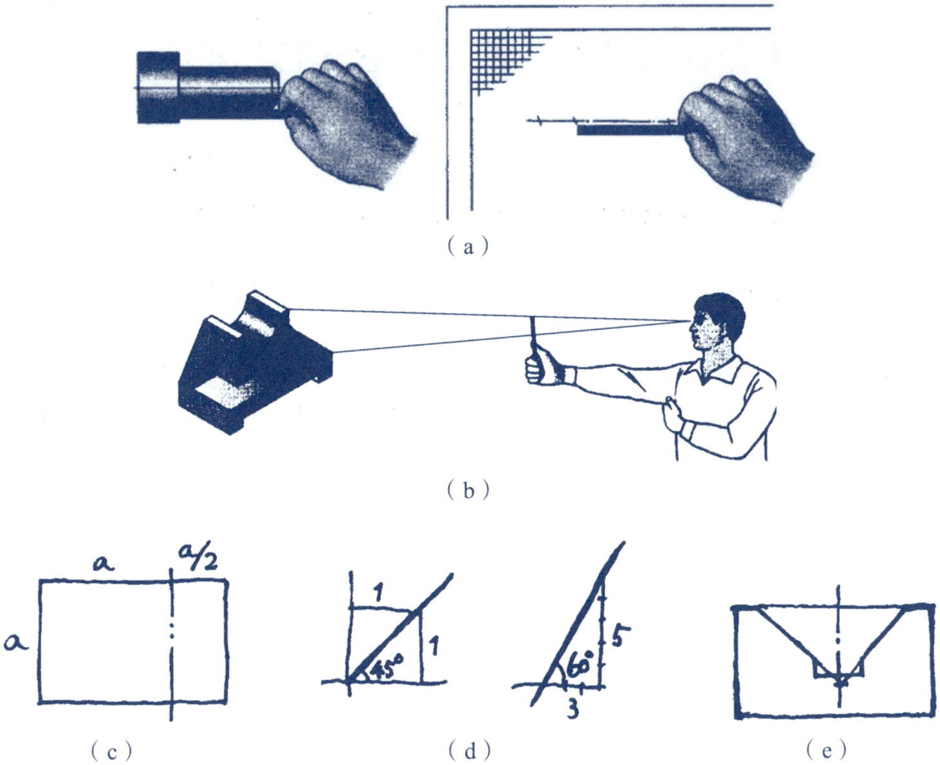

图 2-4-1　借助铅笔比量目测比例

工作任务 2.5　学习公差与配合知识

2.5.1　极限与配合的选用

1. 基准制配合的选用

实际生产中选用基孔制配合还是基轴制配合，要从机器的结构、工艺要求和经济性等方面综合考虑，一般情况下应优先选用基孔制配合。但若与标准件配合时，应按标准件确定基准制配合。例如，与滚动轴承内圈配合的轴应选择基孔制配合；与滚动轴承外圈配合的孔应选择基轴制配合，在装配图中只标注与滚动轴承相配合零件的基本偏差代号和标准公差等级，如图 2-5-1 所示。

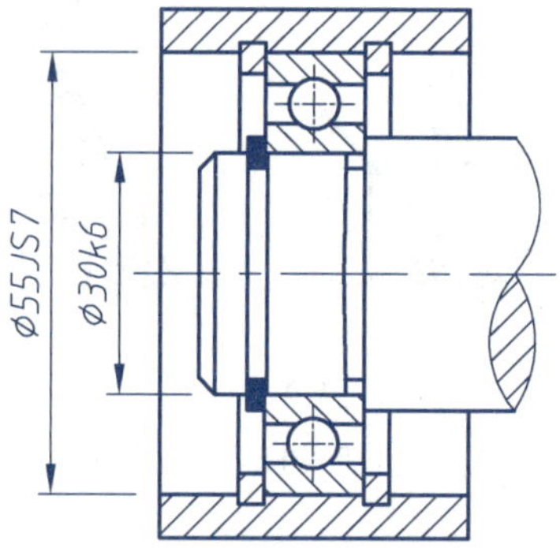

图 2-5-1　滚动轴承的标注

2. 标准公差等级的选用

标准公差等级的高低不仅影响产品的性能，还影响加工成本。因此选择原则是：在满足零件使用要求的前提下，尽可能采用较低的标准公差等级，做到既合用又经济。标准公差等级的选择见《机械制图》教材的附表。

由于标准公差等级较高时，孔较轴难加工，所以当尺寸小于等于 500 mm 时，通常使孔的标准公差等级比轴的标准公差等级低一级。在一般机械中（如机床、纺织机械等），重要的精密部位可选用 IT5、IT6；常用 IT6 ~ IT8；次要部位选用 IT8、IT9。

3. 常用和优先配合

正确地选择配合，能够保证机器高质量运转、延长使用寿命，并使制造经济合理。选择配合时，可综合参考表 2-5-1 ~ 表 2-5-5。工况不同选择的配合方式不同，选择配合的影响因素见表 2-5-1；各种基本偏差的特点及应用举例见表 2-5-2；基孔制、基轴制的常用配合与优先配合见表 2-5-3 和表 2-5-4，从表中可知基孔制的常用配合 59 种，其中优先配合 13 种，基轴制的常用配合 47 种，其中优先配合 13 种；优先配合选用说明见表 2-5-5。

表 2-5-1 选择配合的影响因素

配合件影响因素		配合件的选择
相对运动	有相对运动	间隙配合
	运动速度较大	较大的间隙配合
受力大小	受力较大	较小的间隙配合
		较大的过盈配合
定心精度	不高	可用基本偏差为 g 或 h 的间隙配合，不宜用过盈配合
	较高	过渡配合
拆装频率	频繁拆装	较大的间隙配合
		较小的间隙配合
工作温度	与装配时温差较大	装配时的间隙在工作时的变化量
生产情况	单件小批量生产	较大的间隙配合
		较小的间隙配合

表 2-5-2 各种基本偏差的配合特性及应用举例

配合	基本偏差	配合特性及应用举例
间隙配合	a(A)，b(B)	可得到特别大的间隙，应用很少。主要用于工作时温度高、热变形大的零件的配合，如发动机中活塞与缸套为 H9/a9
	c(C)	可得到很大的间隙，一般用于工作条件较差（如农业机械）、工作时受力变形大及装配工艺性不好的零件的配合。如为了便于装配，而必须保证有较大间隙时，推荐配合为 H11/cl1；其较高等级的配合 H8/c7 适用于轴在高温工作的紧密配合，如内燃机排气管和套管
	d(D)	配合一般用于 IT7～IT11，适用于较松的间隙配合（如滑轮、空转的带轮与轴的配合）以及大尺寸滑动轴承与轴颈的配合（如涡轮机、球磨机等的滑动轴承）。活塞环与活塞槽的配合可用 H9/d9
	e(E)	多用于 IT6～IT9，具有明显间隙，通常用于易于转动的支承配合，如大跨距及多支点的转轴与轴承的配合，以及高速、重载的大尺寸轴和轴承的配合，如涡轮发电机、大型电动机及内燃机主要轴承处的配合为 H8/e7
	f(F)	多用于 IT6～IT8 一般转动的间隙配合，受温度影响不大，广泛用于普通润滑油润滑支承，如齿轮箱、小电动机等转轴与滑动轴承的配合为 H7/f6
	g(G)	多与 IT5、IT6、IT7 对应，形成配合的间隙较小，用于轻载精密装置中的转动间隙配合，用于插销的定位配合，滑阀、连杆销等处的配合，钻套孔多用 G
	h(H)	多用 IT4～IT11，广泛用于无相对转动的零件作为一般的定位配合。若没有温度、变形影响，也用于精密滑动间隙配合
过渡配合	js(JS)	多用于 IT4～IT7 具有平均间隙的过渡配合，用于略有过盈的定位配合，如联轴器，齿圈和轮毂的配合，滚动轴承外圈与外壳孔的配合多用 JS7，一般用手或木锤装配
	k(K)	多用于 IT4～IT7 平均间隙接近零的配合，用于定位配合，如滚动轴承的内、外圈分别与轴颈、外壳孔的配合，用木锤装配

续表

配合	基本偏差	配合特性及应用举例
过渡配合	m(M)	多用于 IT4～IT7 平均过盈的较小配合，用于精密定位的配合，如涡轮的青铜轮缘与轮毂的配合为 H7/m6
	n(N)	平均过盈比 m 轴稍大，很少得到间隙，适用于 IT4-IT7，用铜棒或压力机装配，通常用于加键传递较大转矩的配合，H6/n5 配合时为过盈配合
过盈配合	p(P)	用于小过盈配合。与 H6 或 H7 的孔形成过盈配合，而与 H8 的孔形成过渡配合。碳钢和铸铁制零件形成的配合为标准压入配合，如绞车的绳轮与齿圈的配合为 H7/p6。合金钢制零件的配合需要小过盈时可用 p（或 P）
	r(R)	用于传递大转矩或受冲击负荷而需要加键的配合，如涡轮与轴的配合为 H7/r6，H8r8 配合在公称尺寸小于 100 mm 时，为过渡配合
	s(S)	用于钢和铸铁零件的永久性和半永久性结合，可产生相当大的结合力，如套环压的轴、阀座上用 H7/s6 配合
	t(T)	用于钢和铸铁零件的永久性结合，不用键可传递扭矩，需用热套法或冷轴法装配，如联轴器与轴的配合为 H7/t6
	u(U)	用于大过盈配合，最大过盈需验算。用热套法进行装配，如火车轮毂和轴的配合为 H6/u5
	v(V)，x(X) y(Y)，(Z)	用于特大过盈配合，目前使用的经验和资料很少，须经试验后才能应用，一般不推荐

表 2-5-3　基孔制常用配合与优先配合

基准孔	a	b	c	d	e	f	g	h	js	k	m	n	p	r	s	t	u	v	x	y	z
H6						$\frac{H6}{f5}$	$\frac{H6}{g5}$	$\frac{H6}{h5}$	$\frac{H6}{js5}$	$\frac{H6}{k5}$	$\frac{H6}{m5}$	$\frac{H6}{n5}$	$\frac{H6}{p5}$	$\frac{H6}{r5}$	$\frac{H6}{s5}$	$\frac{H6}{t5}$					
H7						$\frac{H7}{f6}$	$\frac{H7}{g6}$	$\frac{H7}{h6}$	$\frac{H7}{js6}$	$\frac{H7}{k6}$	$\frac{H7}{m6}$	$\frac{H7}{n6}$	$\frac{H7}{p6}$	$\frac{H7}{r6}$	$\frac{H7}{s6}$	$\frac{H7}{t6}$	$\frac{H7}{u6}$	$\frac{H7}{v6}$	$\frac{H7}{x6}$	$\frac{H7}{y6}$	$\frac{H7}{z6}$
H8					$\frac{H8}{e7}$	$\frac{H8}{f7}$	$\frac{H8}{g7}$	$\frac{H8}{h7}$	$\frac{H8}{js7}$	$\frac{H8}{k7}$	$\frac{H8}{m7}$	$\frac{H8}{n7}$	$\frac{H8}{p7}$	$\frac{H8}{r7}$	$\frac{H8}{s7}$	$\frac{H8}{t7}$	$\frac{H8}{u7}$				
				$\frac{H8}{d8}$	$\frac{H8}{e8}$	$\frac{H8}{f8}$		$\frac{H8}{h8}$													
H9			$\frac{H9}{c9}$	$\frac{H9}{d9}$	$\frac{H9}{e9}$	$\frac{H9}{f9}$		$\frac{H9}{h9}$													
H10			$\frac{H10}{c10}$	$\frac{H10}{d10}$				$\frac{H10}{h10}$													
H11	$\frac{H11}{a11}$	$\frac{H11}{b11}$	$\frac{H11}{c11}$	$\frac{H11}{d11}$				$\frac{H11}{h11}$													
H12		$\frac{H12}{b12}$						$\frac{H12}{h12}$													

表 2-5-4　基轴制常用配合与优先配合

基准孔	A	B	C	D	E	F	G	H	JS	K	M	N	P	R	S	T	U	V	X	Y	Z
h6						$\frac{F6}{h5}$	$\frac{G6}{h5}$	$\frac{H6}{h5}$	$\frac{JS6}{h5}$	$\frac{K6}{h5}$	$\frac{M6}{h5}$	$\frac{N6}{h5}$	$\frac{P6}{h5}$	$\frac{R6}{h5}$	$\frac{S6}{h5}$	$\frac{T6}{h5}$					
h7						$\frac{F7}{h6}$	$\frac{G7}{h6}$	$\frac{H7}{h6}$	$\frac{JS7}{h6}$	$\frac{K7}{h6}$	$\frac{M7}{h6}$	$\frac{N7}{h6}$	$\frac{P7}{h6}$	$\frac{R7}{h6}$	$\frac{S7}{h6}$	$\frac{T7}{h6}$	$\frac{U7}{h6}$				
h8					$\frac{E8}{h7}$	$\frac{F8}{h7}$		$\frac{H8}{h7}$	$\frac{JS8}{h7}$	$\frac{K8}{h7}$	$\frac{M8}{h7}$	$\frac{N8}{h7}$									
				$\frac{D8}{h8}$	$\frac{E8}{h8}$	$\frac{F8}{h8}$		$\frac{H8}{h8}$													
h9				$\frac{D9}{h9}$	$\frac{E9}{h9}$	$\frac{F9}{h9}$		$\frac{H9}{h9}$													
h10				$\frac{D10}{h10}$				$\frac{H10}{h10}$													
h11	$\frac{A11}{h11}$	$\frac{B11}{h11}$	$\frac{C11}{h11}$	$\frac{D11}{h11}$				$\frac{H11}{h11}$													
h12		$\frac{B12}{h12}$						$\frac{H12}{h12}$													

表 2-5-5　优先配合选用说明

优先配合		说　明
基孔制	基轴制	
$\frac{H11}{c11}$	$\frac{C11}{h11}$	间隙非常大，用于很松的、转动很慢的间隙配合，要求大公差与大间隙的外露组件，要求装配方便的、很松的配合
$\frac{H9}{d9}$	$\frac{D9}{h9}$	
$\frac{H8}{f7}$	$\frac{F8}{h7}$	间隙很大的自由转动间隙配合，用于精度为非主要要求时，或有大的温度变动、高转速或大的轴径压力时
$\frac{H7}{g6}$	$\frac{G7}{h6}$	间隙不大的转动间隙配合，用于中等转速与中等轴径压力的精确转动，也用于装配较易的中等定位配合
$\frac{H7}{h6}$，$\frac{H8}{h7}$ $\frac{H9}{h9}$，$\frac{H11}{h11}$	$\frac{H7}{h6}$，$\frac{H8}{h7}$ $\frac{H9}{h9}$，$\frac{H11}{h11}$	间隙很小的滑动间隙配合，用于不希望自由转动，但可自由转动和滑动并精密定位时，也可用于要求明确的定位配合
$\frac{H7}{k6}$	$\frac{K7}{h6}$	均为间隙配合，零件可自由装拆，而工作时一般相对静止不动。在最大实体条件下的间隙为零，在最小实体条件下的间隙由公差等级决定
$\frac{H7}{n6}$	$\frac{N7}{h6}$	过渡配合，允许有较大过盈的更精密定位

续表

优先配合		说　明
基孔制	基轴制	
$\frac{H7}{p6}$	$\frac{P7}{h6}$	过盈定位配合，即小过盈配合，用于定位精度特别重要时，能以最好的定位精度达到部件的刚性及对中的性能要求，而对内孔承受压力无特殊要求，不依靠配合的紧固性传递摩擦负荷
$\frac{H7}{s6}$	$\frac{S7}{h6}$	中等压入配合，适用于一般钢件，或用于薄壁件的冷缩配合，用于铸铁件可得到最紧的配合
$\frac{H7}{u6}$	$\frac{U7}{h6}$	压入配合，适用于可以承受高压力的零件或不宜承受大压力的冷缩配合

2.5.2　几何公差的选择

为了保证零件的性能，除对尺寸提出尺寸公差要求外，还应对形状、方向、位置、跳动提出公差要求，使零件能正常使用。形状误差是指线和面的实际形状对其理想形状的变动量。位置误差是指点、线、面的实际方向和位置对其理想方向和位置的变动量。

在零件图中，几何公差应采用符号标注。当无法采用符号标注时，允许在技术要求中用文字说明。几何公差符号包括：几何特征符号、附加符号、几何公差框格及指引线，几何公差数值和其他有关符号，以及基准符号等几何特征符号包括形状公差、位置公差、方向公差和跳动公差，见表 2-5-6。其标注方法详见 GB/T 1182—2018。

表 2-5-6　几何特征符号

公差类型	几何特征	符号	有无基准	公差类型	几何特征	符号	有无基准
形状公差	直线度	—	无	位置公差	位置度	⌖	有或无
	平面度	▱	无				
	圆度	○	无		同心度	◎	有
	圆柱度	⌭	无				
	线轮廓度	⌒	无		同轴度	◎	有
	面轮廓度	⌓	无				
方向公差	平行度	//	有		对称度	⌯	有
	垂直度	⊥	有		线轮廓度	⌒	有
	倾斜度	∠	有		面轮廓度	⌓	有
	线轮廓度	⌒	有	跳动公差	圆跳动	↗	有
	面轮廓度	⌓	有		全跳动	⌰	有

工作任务 2.6　确定表面粗糙度

表面粗糙度是指零件表面具有由较小间距的峰谷所组成的微观几何形状特性，它是由于切削加工过程中的刀痕、切屑分裂时的塑性变形、刀具与工件表面的摩擦及制造设备的高频振动等原因形成的。它对零件接触面的摩擦、运动面的磨损、贴合面的密封、配合面的性能稳定及疲劳强度、抗腐蚀性能、表面涂层的质量、产品外观等都有较大的影响。因此，在测绘中正确确定被测零件的表面粗糙度是一项重要内容。

表面粗糙度确定的一般原则：

（1）工作表面比非工作表面光滑。

（2）摩擦表面比非摩擦表面光滑。

（3）对间隙配合，间隙越小要求表面越光滑。

（4）对过盈配合，载荷越大要求表面越光滑。

（5）密封性、耐腐蚀性或装饰性要求高的表面要求光滑。

表面粗糙度参数的确定主要根据不同的应用场合、加工方法确定。课程中测绘的模型表面质量比真实表面质量要求低，通常可采用类比法确定，可参阅表 2-6-1、表 2-6-2 的内容。

表 2-6-1　不同表面结构的外观情况、加工方法与应用举例

<table>
<tr><th>Ra 值（不大于）/μm</th><th>表面外观情况</th><th>主要加工方法</th><th>应用举例</th></tr>
<tr><td>50</td><td>明显可见刀痕</td><td rowspan="2">粗车、粗铣、粗刨、钻、粗纹锉刀和粗砂轮加工</td><td rowspan="2">表面粗糙度值最大的加工面，一般很少应用</td></tr>
<tr><td>25</td><td>可见刀痕</td></tr>
<tr><td>12.5</td><td>微见刀痕</td><td>粗车、刨、立铣、平铣、钻</td><td>不接触表面、不重要的接触面，如螺纹孔、倒角、机座底面等</td></tr>
<tr><td>6.3</td><td>可见加工痕迹</td><td rowspan="3">精车、精铣、精刨、铰、镗、精磨等</td><td rowspan="3">没有相对运动的零件接触面，如箱、盖、套筒要求紧贴的表面、键和键槽工作表面；相对运动速度不高的接触面，如支架孔、衬套、带轮轴孔的工作面等</td></tr>
<tr><td>3.2</td><td>微见加工痕迹</td></tr>
<tr><td>1.6</td><td>看不见加工痕迹</td></tr>
<tr><td>0.8</td><td>可辨加工痕迹方向</td><td rowspan="3">精车、精铰、精拉、精镗、精磨等</td><td rowspan="3">要求密合很好的接触面，如滚动轴承配合的表面、锥销孔等；相对运动速度较高的接触面，如滑动轴承的配合表面、齿轮的工作表面等</td></tr>
<tr><td>0.4</td><td>微辨加工痕迹方向</td></tr>
<tr><td>0.2</td><td>不可辨加工痕迹方向</td></tr>
</table>

续表

Ra 值（不大于）/um	表面外观情况	主要加工方法	应用举例
0.1	暗光泽面	研磨、抛光、超级精细研磨等	精密量具的表面，重要零件的摩擦面，如气缸的内表面、精密机床的主轴颈、坐标镗床的主轴颈等
0.05	亮光泽面		
0.025	镜状光泽面		
0.012	雾状镜面		
0.006	镜面		

表 2-6-2　典型零件的表面结构数值选择

<table>
<tr><td>表面特征</td><td colspan="2">部位</td><td colspan="4">表面粗糙度高度参数值 Ra</td></tr>
<tr><td rowspan="4">滑动轴承的配合表面</td><td colspan="2" rowspan="2">表面</td><td colspan="2">公差等级</td><td colspan="2" rowspan="2">液体摩擦</td></tr>
<tr><td>IT7～IT9</td><td>IT11～IT12</td></tr>
<tr><td colspan="2">轴</td><td>0.2～3.2</td><td>1.6～3.2</td><td colspan="2">0.1～0.4</td></tr>
<tr><td colspan="2">孔</td><td>0.4～1.6</td><td>1.6～3.2</td><td colspan="2">0.2～0.8</td></tr>
<tr><td rowspan="6">非密封的轴颈表面</td><td colspan="2" rowspan="2">密封方式</td><td colspan="4">轴颈表面的速度/（m/s）</td></tr>
<tr><td>≤3</td><td>≤5</td><td>>5</td><td>≤4</td></tr>
<tr><td colspan="2">橡胶</td><td>0.4～0.8</td><td>0.2～0.4</td><td>0.1～0.2</td><td>—</td></tr>
<tr><td colspan="2">毛毡</td><td>—</td><td>—</td><td>—</td><td>0.4～0.8</td></tr>
<tr><td colspan="2">迷宫</td><td colspan="2">1.6～3.2</td><td colspan="2">—</td></tr>
<tr><td colspan="2">油槽</td><td colspan="2">1.6～3.2</td><td colspan="2">—</td></tr>
<tr><td rowspan="3">圆锥结合</td><td colspan="2">表面</td><td>密封结合</td><td>定心结合</td><td colspan="2">其他</td></tr>
<tr><td colspan="2">外圆锥表面</td><td>0.1</td><td>0.4</td><td colspan="2">1.6～3.2</td></tr>
<tr><td colspan="2">内圆锥表面</td><td></td><td></td><td colspan="2">1.6～3.2</td></tr>
<tr><td rowspan="4">螺纹</td><td colspan="2" rowspan="2">类别</td><td colspan="4">螺纹公差等级</td></tr>
<tr><td>IT4</td><td>IT5</td><td colspan="2">IT6</td></tr>
<tr><td colspan="2">粗牙普通螺纹</td><td>0.4～0.8</td><td>0.8</td><td colspan="2">1.6～3.2</td></tr>
<tr><td colspan="2">细牙普通螺纹</td><td>0.2～0.4</td><td>0.8</td><td colspan="2">1.6～3.2</td></tr>
<tr><td rowspan="5">键结合</td><td colspan="2">结合类型</td><td>键</td><td>轴槽</td><td colspan="2">毂槽</td></tr>
<tr><td rowspan="3">工作表面</td><td>沿毂槽移动</td><td>0.2～0.4</td><td>1.6</td><td colspan="2">0.4～0.8</td></tr>
<tr><td>沿轴槽移动</td><td>0.2～0.4</td><td>0.4～0.8</td><td colspan="2">1.6</td></tr>
<tr><td>不动</td><td>1.6</td><td>1.6</td><td colspan="2">1.6～3.2</td></tr>
<tr><td colspan="2">非工作表面</td><td>6.3</td><td>6.3</td><td colspan="2">6.3</td></tr>
</table>

工作任务 2.7　常用材料及其热处理方法

2.7.1　金属材料的选择

测绘中，对于一般用途的零件，可参照同类零件选取或查阅手册确定。但测绘模型所用的材料，为了轻便常采用铝合金材料，而图样中必须合理地反映零件的真实材料，金属材料可根据表 2-7-1 进行选取。

表 2-7-1　常用金属材料的特点及应用举例

牌号	特点	应用举例	说明
灰铸铁			
HT100	铸造性能好，工艺简便，应力小，减振性好，无须人工时效处理	用于制造载荷小、无特殊磨损要求的零件，如盖、手轮、底板、手柄等	“HT”表示灰铸铁，后面的数字表示最小抗拉强度（MPa）
HT150	铸造性能好，工艺简便，应力小，减振性好，无需人工时效处理，但有一定的机械强度	用于制造中等应力和摩擦、磨损的零件，如机床底座、齿轮箱、刀架等	
HT200 HT250	强度较高，耐磨性、耐热性、减振性较好，但需人工时效处理	用于制造较大应力和摩擦、磨损并有气密性和耐磨性要求的零件，如泵体、阀体、活塞、带轮、阀套、轴承盖等	
HT300 HT350	高强度、高耐磨性，但铸造性能较差，需人工时效处理	用于制造高应力和摩擦、磨损并有高气密性和耐磨性要求的零件，如重型机床床身、重载齿轮、主轴箱、曲轴、缸体等	
铸钢			
ZG200—400	低碳铸钢，韧性及塑性均好，但强度和硬度较低；焊接性好，但铸造性差	机座、变速器壳体等受力不大、要求韧性的零件	“ZG”表示铸钢，第一组数字表示屈服强度（MPa）最低值； 第二组数字为抗拉强度（MPa）
ZG230—450		用于载荷不大、韧性较好的零件，如轴承盖、底板、阀体、机座、箱体等	

续表

牌号	特点	应用举例	说明
ZG270—500	中碳铸钢，有一定的韧性及塑性，强度和硬度较高，可加工性良好，焊接性尚可，铸造性能比低碳铸钢好	应用广泛，用于制作飞轮、工作缸、机架、气缸、轴承座、连杆、箱体等	
ZG310—570		用于承受重载荷零件，如联轴器、大齿轮、缸体、机架、制动轮、轴等	
ZG340—640	高碳铸钢，具有高强度、高硬度及高耐磨性，塑性、韧性较低，铸造焊接性较差	起重运输机齿轮、联轴器、齿轮、车轮、棘轮等	
碳素结构钢			
Q195	低碳钢	轻载荷的机件、铆钉、螺钉、垫片、焊接件等	“Q”表示钢的屈服强度，数字为屈服点数值（MPa），同一钢号下分品质等级，用A、B、C、D表示，品质依次下降，例如Q235A
Q215			
Q235		螺栓、螺钉、螺母、拉杆、轴等优质碳素结构钢	
优质碳素结构钢			
08F	低碳钢，塑性好；焊接性好；强度低；硬度低	垫片、垫圈、管子、摩擦片等	数字表示钢中碳的质量万分数，例如：“45”表示碳的质量分数为0.45%，数字依次增大，表示抗拉强度、硬度依次增大，断后伸长率依次下降。当锰的质量分数为 0.7%~1.2%时，需注出“Mn”
10		拉杆、卡头、垫片、垫圈等	
15			
25	强度好，韧性好	轴、滚子、联轴器、螺栓等	
30		曲轴、轴销、连杆、横梁等	
35		连杆、圆盘、轴销、轴等	
40		齿轮、链轮、轴、键销、活塞杆等	
45			
65Mn	硬度高	大尺寸的各种扁、圆弹簧，如座板簧等	
65		螺旋弹簧、板簧、弹性垫圈、量具、模具等	
70			

续表

牌号	特点	应用举例	说明
合金结构钢			
Q345（16Mn）	低合金高强度结构钢，强度高于低碳钢，有足够的塑性和韧性	小齿轮、小轴、钢套、链板	钢中加合金元素以增强基体性能，合金元素符号前的数字表示碳的质量万分数，符号后面的数字表示合金元素的质量分数，当质量分数小于1.5%时，仅注出元素符号
35CrMo 40Cr	中碳合金钢，调质处理后具有良好的综合力学性能	曲轴、齿轮、高强螺栓、连杆等	
20CrNi 20CrMnTi	合金渗碳钢，经表面渗碳处理后耐磨性好	活塞销、齿轮、轴等	
50CrVA	合金弹簧钢，经热处理后具有高弹性和足够的韧性	板簧、缓冲卷簧等	
GCr15 GCr15SiMn	滚动轴承钢、具有高强度、高硬度，耐磨性和一定的耐蚀性	滚动轴承的内圈、外圈、滚动体等	
加工黄铜、铸造铜合金			
H62（代号）	具有优良的电导性，热导性，较强的抗大气腐蚀性和一定的力学性能、良好的加工性，强度低	散热器、垫圈、弹簧、螺钉等	“H”表示普通黄铜，数字表示铜的平均质量分数
ZCuZn38Mn2Pb2 ZCuSn5 Pb5Zn5 ZCuAl10Fe3		铸造黄铜：用于轴瓦、轴套及其他耐磨零件； 铸造锡青铜：用于承受摩擦的零件，如轴承； 铸造铝青铜：用于制造蜗轮、衬套、耐蚀性零件	“ZCu”表示铸造铜合金，合金中其他主要元素用化学元素符号表示，符号后数字表示该元素的平均质量分数
铝及铝合金、铸造铝合金			
1060 1050A 2A12 2A13	优良的电导性，热导性，强度不高，塑性好，良好的耐大气腐蚀性	适用于制作储槽、塔、热交换器，防止污染及深冷设备； 适用于中等强度的零件，焊接性好	第一位数字表示铝及铝合金的组别，1××× 组表示纯铝（其铝质量分数大于99.00%），其最后两位数字表示最低铝的质量分数中的小数点后面的两位。2××× 组表示以铜为主要合金元素的铝合金，其最后两位数字无特殊意义，仅用来表示同一组中不同铝合金。第二位字母表示原始纯铝或铝合金的改型情况

续表

牌号	特点	应用举例	说明
ZAICu5Mn （代号 ZL201） ZAIMg10 （代号 ZL301）	熔点低、流动性好，可铸造各种形状复杂而承载不大的铝件	砂型铸造：工作温度为 175 ~ 300 °C 的零件，如内燃机缸盖、活塞； 在大气或海水中工作，承受冲击载荷、外形不太复杂的零件，如舰船配件、氨用泵体	“ZAl”表示铸造铝合金，合金中的其他元素用化学元素符号表示，符号后数字表示该元素平均质量分数，代号中的数字表示合金序列代号和顺序号

2.7.2　非金属材料的选择

除金属材料以外的其他材料统称为非金属材料，一般分为高分子材料、硅酸盐材料和复合材料三大类。非金属材料资源丰富，成形工艺简单，又具有一定的特殊性能，应用非常广泛。这里简单介绍几类用于制作密封、防振缓冲件的材料。

1. **工业用毛毡**（FJ314）

工业用毛毡有细毛、半粗毛、粗毛等种类，用于制作密封、防振缓冲衬垫。

2. **耐油橡胶板**（GB/T 5574—2008）

耐油橡胶板具有耐溶剂介质膨胀性能，可在一定温度的润滑油、变压器油、汽油等介质中工作，用于制作各种形状的垫圈。

3. **软钢纸板**（QB/T 2200—1996）

软钢纸板用于制作零件连接处的密封垫片。

2.7.3　金属材料的热处理

热处理是指将钢在固态下加热到预定温度，保温一段时间，然后以预定的方式冷却，从而得到所需性能的一种加工工艺。热处理对于金属材料的力学性能的改善与提高有显著作用。因此在设计机器零件时常提出热处理要求。如轴类零件一般进行调质处理 42 ~ 45HRC，齿轮轮齿部分需要进行淬火处理等。常用热处理和表面处理的方法及应用见表 2-7-2。

表 2-7-2　常用热处理和表面处理的方法及应用

工艺	说　明	应　用
退火	将钢件加热到适当温度保温一段时间，然后缓慢冷却（随炉冷却）	① 用来消除铸、锻、焊零件内应力； ② 降低硬度，便于切削加工； ③ 细化及均匀组织，增加韧性

续表

工艺	说　明	应　用
正火	将钢件加热到临界温度以上，保温一段时间，然后在空气中冷却（冷却速度比退火快）	用来处理低碳和中碳结构钢及渗碳件，使其组织细化，强度和韧性增加，改善低碳钢的可加工性
淬火	将钢件加热到临界温度以上，保温一段时间然后在水或油中（个别合金钢在空气中）快速冷却，使材料得到高硬度	用来提高钢的硬度和强度极限，但同时会引起内应力增加使钢变脆（甚至会引起开裂和变形），故淬火后必须回火
回火	回火是将淬硬的钢件加热到临界点以下的温度，保持一段时间然后在空气中或油中冷却下来	用来消除淬火后的脆性和内应力，提高钢的塑性和冲击韧度。低温回火（150～250 °C），工具刀具模具等要求高硬度材料。高温回火（450～650 °C），见“调质”
调质	淬火后在450～650 °C进行高温回火，称为调质	用来使钢获得高韧性和足够的强度，重要齿轮、轴、丝杠复杂受力构件要调质处理
火焰淬火 高频感应淬火	用火焰或高频电流将零件表面迅速加热至临界温度以上，急速冷却	使零件表面获得高硬度，心部保持一定韧性，使零件既耐磨又能受冲击
渗碳淬火	在渗碳剂中将钢加热到900～950 °C，停留一定时间，将碳渗入钢表面深度为0.5～2 mm，再淬火然后回火	增加钢件耐磨性能、疲劳强度，适用于低碳（C的质量分数小于0.3%）结构钢的中小型零件
渗氮	渗氮是在500～600 °C 通入氮的炉子内加热，向钢的表面渗入氮原子的过程。渗氮层为0.025～0.8 mm，渗氮时间为40～50 h	增加钢件的耐磨性能、表面硬度、疲劳强度和耐蚀性。用于在腐蚀性气体液体介质中工作并有耐磨性要求的零件
时效	低温回火后，精加工之前，加热到100～160 °C，保持10～40 h。对铸件也可用天然时效（放在露天中1年以上）	使工件消除内应力和稳定形状，用于量具、精密丝杠、导轨等
发蓝发黑	将金属零件放在很浓的碱和氧化剂溶液中加热氧化，使金属表面形成一层氧化膜所组成的保护性薄膜	防腐蚀，美观，用于光学电子类零件或机械零件

项目 2　任务学习单

项目名称	项目编号	小组号	组长姓名	学生姓名
AutoCAD 绘图准备				

<table>
<tr><td rowspan="6">学生自主任务实施</td><td>1. AutoCAD 软件都可以应用到哪些专业领域？其主要功能和硬件必须达到哪些配置要求？AutoCAD 2020 界面与经典界面有什么区别？
（提示：采用网络查询法、小组讨论法或者资料查询法）</td></tr>
<tr><td></td></tr>
<tr><td>2. AutoCAD 工作界面由哪些部分组成？功能区选项面板都包括哪些功能按键？命令区的作用是什么？
（提示：采用上机实操法、资料查询法、小组讨论法、小组间竞争抢答法）</td></tr>
<tr><td></td></tr>
<tr><td>3. AutoCAD 中命令的执行方式有多少种？取消已执行的命令的作用是什么？什么是透明命令？
（提示：采用网络查询法、资料查询法、小组讨论法）</td></tr>
<tr><td></td></tr>
<tr><td>完成任务总结（做一个会上机实操、有想法、会思考、有创新的学生）</td><td>1. 存在其他问题与解决方案
（提示：教师可以公布个人手机号，采用手机拨号抢答的方式。例如：先显示的学生手机号，就请他先起来与同学们一起分享自己对问题的新见解，鼓励双倍加分）

2. 收获与体会

3. 其他建议</td></tr>
</table>

项目 2　任务评价单

<table>
<tr><td>班级</td><td></td><td>学号</td><td></td><td>姓名</td><td></td><td>日期</td><td></td><td>成绩</td><td></td></tr>
<tr><td>小组成员
（姓名）</td><td colspan="9"></td></tr>
<tr><td>职业能力评价</td><td>分值</td><td colspan="2">自评（10%）</td><td colspan="3">组长评价（20%）</td><td colspan="3">教师综合评价（70%）</td></tr>
<tr><td>完成任务思路</td><td>5</td><td colspan="2"></td><td colspan="3"></td><td colspan="3"></td></tr>
<tr><td>信息收集情况</td><td>5</td><td colspan="2"></td><td colspan="3"></td><td colspan="3"></td></tr>
<tr><td>团队合作</td><td>10</td><td colspan="2"></td><td colspan="3"></td><td colspan="3"></td></tr>
<tr><td>练习态度</td><td>10</td><td colspan="2"></td><td colspan="3"></td><td colspan="3"></td></tr>
<tr><td>考勤</td><td>10</td><td colspan="2"></td><td colspan="3"></td><td colspan="3"></td></tr>
<tr><td>讲演与答辩</td><td>35</td><td colspan="2"></td><td colspan="3"></td><td colspan="3"></td></tr>
<tr><td>按时完成任务</td><td>15</td><td colspan="2"></td><td colspan="3"></td><td colspan="3"></td></tr>
<tr><td>善于总结学习</td><td>10</td><td colspan="2"></td><td colspan="3"></td><td colspan="3"></td></tr>
<tr><td>合计评分</td><td>100</td><td colspan="2"></td><td colspan="3"></td><td colspan="3"></td></tr>
</table>

项目 3

平口钳的测绘

机件自我介绍

名称：平口钳，又名机用虎钳。

用途：是一种通用夹具，常用于安装小型工件，它是铣床、钻床的随机附件，将其固定在机床工作台上，用来夹持工件进行切削加工。

工作原理：用扳手转动丝杠，通过丝杠螺母带动活动钳身移动，形成对工件的夹紧与松开。被夹工件的尺寸不得超过 70 mm。

构造：平口钳的装配结构采取可拆卸的螺纹连接和销连接；活动钳身的直线运动是由螺旋运动转变的；工作表面是螺旋副、导轨副及间隙配合的轴和孔的摩擦面。

图 3-0-1 所示为平口钳的实物图，图 3-0-2 所示为平口钳的轴测分解图，它共由 9 种零件组成，其中内六角螺钉 2、垫圈 5 是标准件。对照实物图和轴测分解图，初步了解平口钳中主要零件之间的装配关系：活动钳口 4 从固定钳口 3 的上方空腔装入滑槽，并通过内六角圆柱螺钉 2 和压块 1 将其吊装，可在滑槽内滑动；丝杆螺母 7 通过平头顶丝 9 固定在固定钳口，丝杆 8 与之旋合实现旋转运动；丝杆 8 的尾端通过顶丝 6 卡在活动钳口孔内（只作轴向约束，丝杆可在孔内转动），因此丝杆 8 与丝杆螺母 7 的旋转运动即可通过丝杆尾端的活动钳口 4 转换为直线运动从而实现零件的夹紧动作。

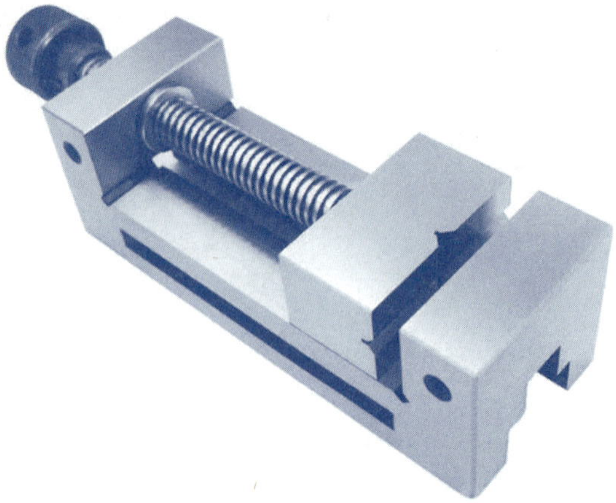

图 3-0-1　平口钳实物图

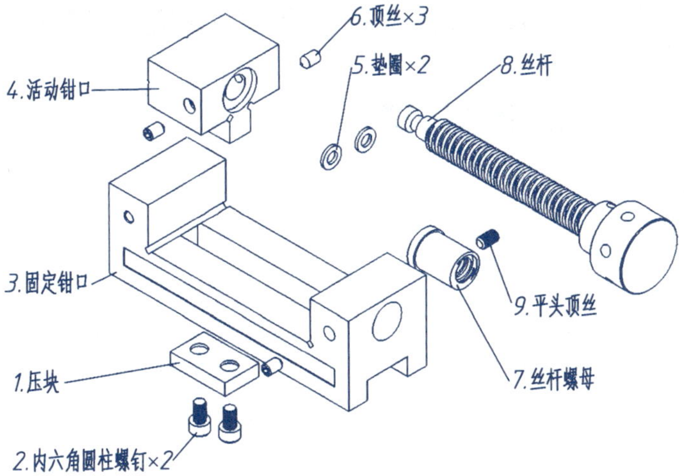

图 3-0-2　平口钳轴测分解图

工作任务 3.1　下达平口钳测绘任务

3.1.1　组织形式及准备工作

1. 成员分组

（1）每一小组以 2 ~ 4 人为宜。

（2）分组时，应考虑能力的均衡，根据学生的学习成绩、独立工作能力、组织能力等，使每组内学生能互相交流、互相学习、取长补短，使测绘工作能顺利进行。

（3）每组应指定一个组长，负责组织管理工作，并能起到带头的作用。测绘体、量具、工具、资料由组长分配专人负责保管，并督促组员遵守工作纪律，保持工作场地的整洁。

2. 准备工作

（1）测绘实训报告模板：每人一份。

（2）平口钳：每组一台，一周之前应进行清理、检查。

（3）量具和工具：0 ~ 150 mm 游标卡尺和钢直尺每个组一把，300 mm 丁字尺每人一把，另外每个班配备若干内六角扳手、冲子、螺纹规、内外卡钳等。

（4）测绘用教室：绘图桌及凳、A3 图板应完好，教室灯光明亮。

3. 自备物品

按照指导教师提出要求，学生应提前准备好自备物品，例如绘图仪器及工具包，各种规格的绘图纸、坐标纸、复印纸等应提早准备。

3.1.2　需完成的任务与要求

需完成的任务：

（1）绘制平口钳所有非标零件草图一套。

（2）绘制平口钳装配图一张。

（3）绘制固定钳座、活动钳身、螺母块的零件图。

（4）将图纸折叠并装订成册。

要求：

（1）通过对装配件的拆卸、组装，全面了解装配件的工作原理、用途、构造和各零件的主要结构、形状，弄清各零件之间的相对位置和装配连接关系。

（2）绘制图样应做到：优先选用 1∶1 比例，视图选择合理、得当，内容表达完整、准确，尺寸标注清晰、齐全，字体工整，图面整洁。

（3）零件图、装配图应该注写必要的技术要求。技术要求的选择要合理，可用。

（4）零件图与装配图的对应结构尺寸应一致。

3.1.3 测绘内容及时间安排

测绘内容及时间安排建议见表 3-1-1。

表 3-1-1

序号	测绘内容	时间安排建议
1	分组、阅读本书有关内容，教师进行必要提示	2 学时
2	拆卸平口钳，画装配示意图，并开始画零件草图	6 学时
3	画平口钳装配图	6 学时
4	画零件工作图（固定钳座、活动钳身、螺母块）	10 学时
5	将平口钳装配复原，整理测绘工具	2 学时
6	清洁场地、小结并上交完成的图纸和装配体以及测绘工具	2 学时
合计		28 学时（1 周）

工作任务 3.2　拆卸平口钳并绘制装配示意图

3.2.1　拆卸平口钳

在初步了解部件的基础上，一次拆卸各零件，给每个零件编号并做相应记录，完成装配示意图的绘制。平口钳的拆卸顺序见表 3-2-1。

表 3-2-1　平口钳的拆卸顺序

操作步骤	操作方法图示或说明	所用工具
准备工作	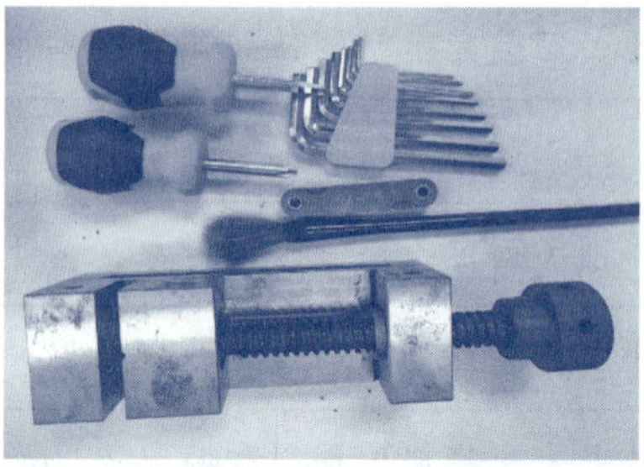	
拆卸压块	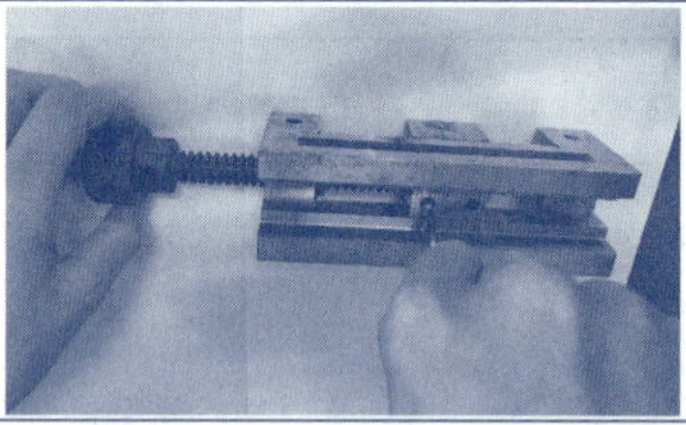 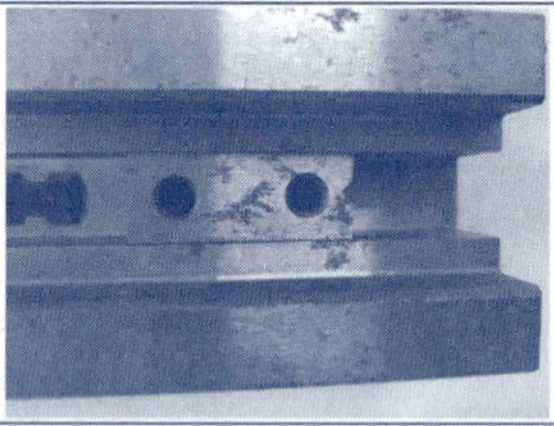	内六角扳手
拆卸活动钳身	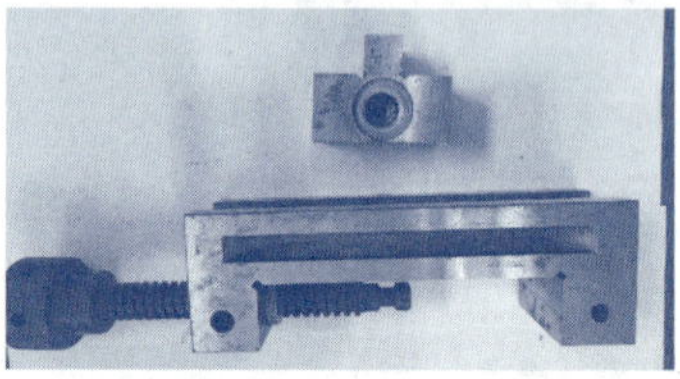	
拆卸螺杆	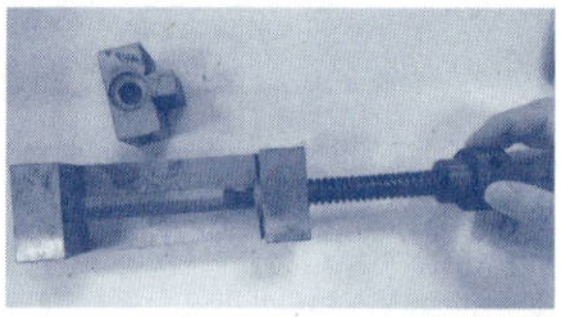 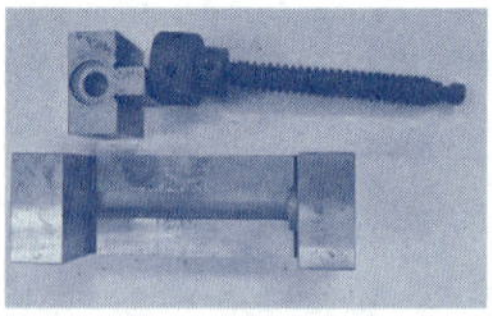	
清理	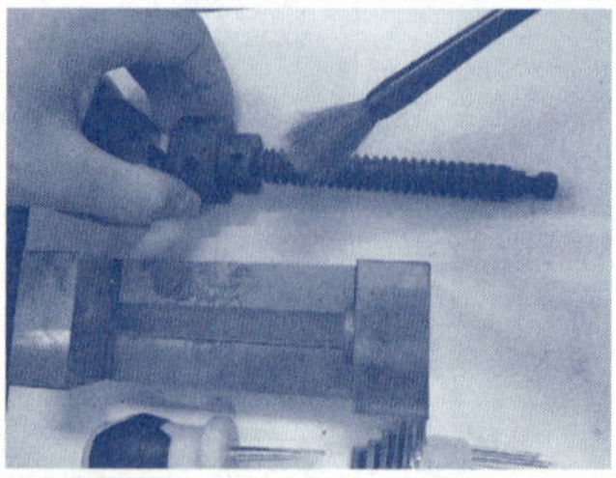 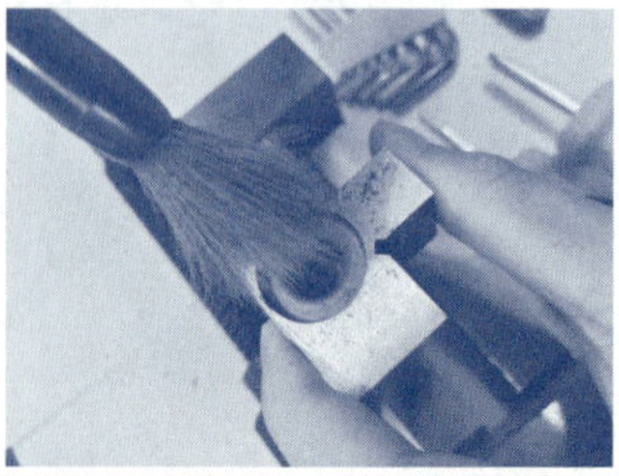	

续表

操作步骤	操作方法图示或说明	所用工具
完成拆卸	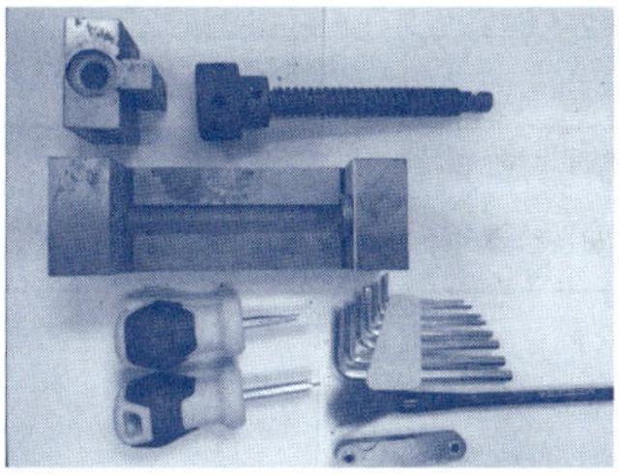	

3.2.2 画装配示意图

画装配示意图的顺序，一般可从主体零件和主要装配干线着手，然后再按装配顺序把其他零件逐个画上。画平口钳的装配示意图时，应先画固定钳口，再画丝杆、螺母块和活动钳口，然后逐个画出螺钉等，如图 3-2-1 所示。

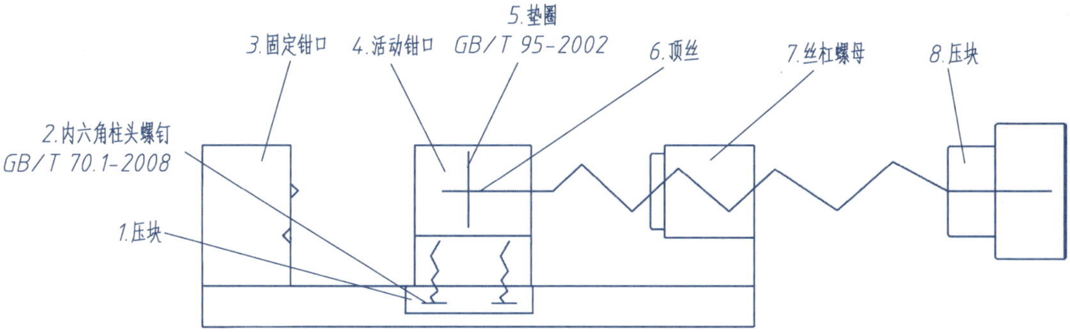

图 3-2-1　平口钳装配示意图

在拆卸过程中，要注意了解和分析平口钳中零件间的连接方式和装配关系等，为绘制零件草图和部件装配图做必要的准备。

1. 连接与固定方式

丝杆通过螺纹与螺母块旋合在一起并通过顶丝固定在固定钳口的右端；丝杆的右端轴肩用 U 形卡子固定在带滚花的手柄上；丝杆的左端轴肩用顶丝固定在活动钳口的右端面，再用螺钉将活动钳口与卡在滑槽里压块连接。

2. 配合关系

由螺杆做旋转运动通过轴肩与顶丝的配合带动活动钳口做水平移动。平口钳共四处有配合要求：螺杆在固定钳座右端的螺纹支承孔中转动，采用间隙较大的间隙配合；螺杆轴肩在活动钳口右端孔中转动，也采用间隙较小的间隙配合；活动钳口与固定钳口两侧结合面的配合有相对运动，还是采用间隙较大的间隙配合；压板与固定钳口上底结合面的配合有相对运动，所以还是采用间隙较大的间隙配合。

工作任务 3.2　任务学习单

<table>
<tr><td colspan="2">任务名称</td><td>项目编号</td><td>小组号</td><td>组长姓名</td><td>学生姓名</td></tr>
<tr><td colspan="2">拆卸平口钳并绘制装配示意图</td><td></td><td></td><td></td><td></td></tr>
<tr><td rowspan="6">学生自主
任务实施</td><td colspan="5">1. 平口钳由哪些零件组成？
（提示：采用网络查询法、资料查询法、小组讨论法）</td></tr>
<tr><td colspan="5"></td></tr>
<tr><td colspan="5">2. 分析平口钳各零件之间的装配关系。
（提示：采用网络查询法、资料查询法、小组讨论法）</td></tr>
<tr><td colspan="5"></td></tr>
<tr><td colspan="5">3. 拆卸平口钳所用到的工具有哪些？
（提示：采用网络查询法、资料查询法、小组讨论法）</td></tr>
<tr><td colspan="5"></td></tr>
<tr><td>完成任务总结
（工欲善其事，
必先利其器）</td><td colspan="5">1. 存在其他问题与解决方案

2. 收获与体会

3. 其他建议</td></tr>
</table>

工作任务 3.2　任务评价单

班级		学号		姓名		日期		成绩	
小组成员（姓名）									
职业能力评价	分值	自评（10%）		组长评价（20%）			教师综合评价（70%）		
完成任务思路	5								
信息收集情况	5								
团队合作	10								
练习态度	10								
考勤	10								
讲演与答辩	35								
按时完成任务	15								
善于总结学习	10								
合计评分	100								

工作任务 3.3　确定标准件（螺钉）的规格

对于结构、尺寸均已进行标准化的，称为标准件。标准件的结构、尺寸、画法、标记等各个方面均已完全标准化，常用的标准件规格可以查阅配套制图教材的附录，更多规格可以查阅《机械设计手册》，或通过网络（如“工标网”）进行快速地查询。下面介绍最常见的标准件——螺钉规格的确定流程，见表 3-3-1。

表 3-3-1　螺钉规格的确定流程

操作步骤	操作说明	操作图示
测量大径	用游标卡尺（外径千分尺）或钢直尺与外卡钳配合测量。 内螺纹的大径可通过与之旋合的外螺纹大径确定，没有外螺纹时，可测出其小径（底径），再根据其类型和螺距查表得出标准大径值；也可采用估算法，一般地，可取：大径=小径 + 1.0825 ×螺距	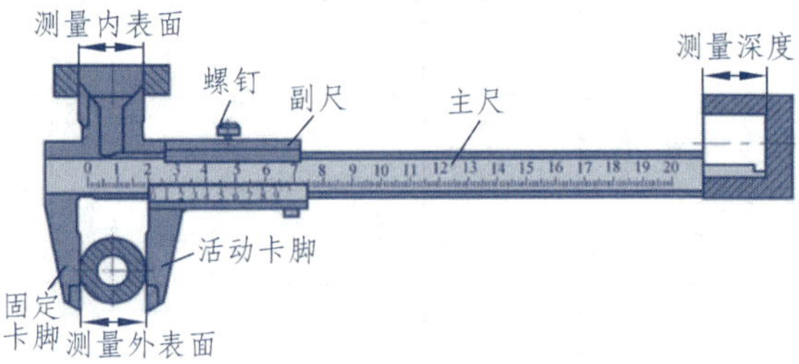
测量螺距	方法 1：用螺纹样板测量螺距	
	方法 2：压痕法。即将螺纹放在纸上压出一段螺距的线痕（线痕不少于 11）的长度 L，然后除以螺距的数量 10，即 $P' = L/10$	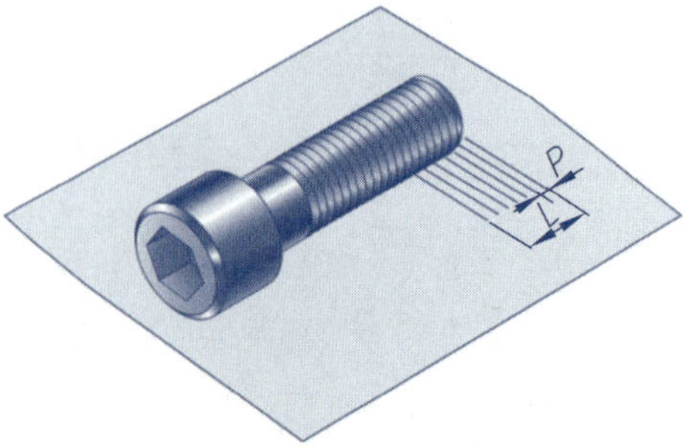

续表

操作步骤	操作说明	操作图示
目测螺纹的线数和旋向	线数的判定主要看螺杆的头部，头部有多少个缺口，就有多少线数。 旋向的判定有个简单的方法，把螺纹竖直放置，观看螺纹线左高右低的话，就是左旋螺纹，反之就是右旋螺纹	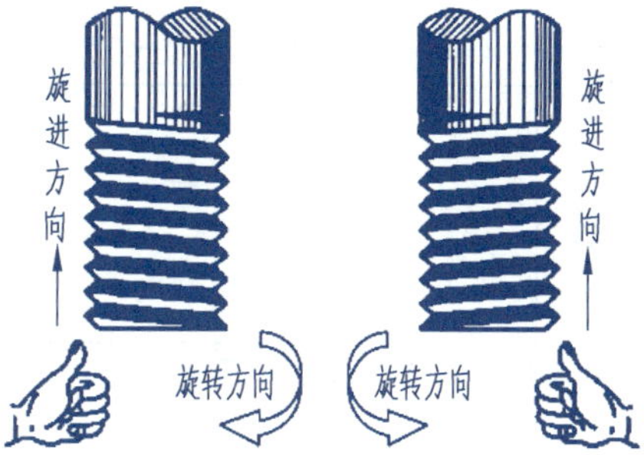
查表确定螺纹标准值	将测绘得到的牙型、大径、螺距（*P′*）与附表或《机械设计手册》中螺纹的标准核对，选取相近的标准数值	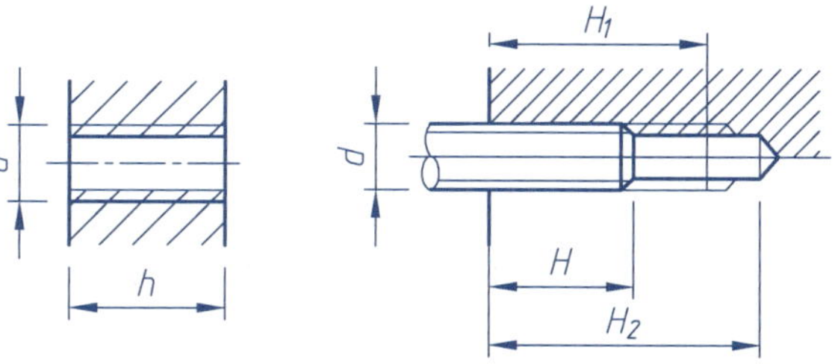
通止规测量验证	（1）通规不过，（拧不过去）螺纹中径大了，产品不合格。 （2）止规通过，中径小了，产品不合格	

注意事项：要清理干净被测螺纹油污及杂质。

工作任务 3.3　任务学习单

<table>
<tr><td>任务名称</td><td>项目编号</td><td>小组号</td><td>组长姓名</td><td>学生姓名</td></tr>
<tr><td>确定标准件（螺钉）的规格</td><td></td><td></td><td></td><td></td></tr>
<tr><td rowspan="6">学生自主
任务实施</td><td colspan="4">1. 平口钳有哪些标准件？
（提示：采用网络查询法、资料查询法、小组讨论法）</td></tr>
<tr><td colspan="4"></td></tr>
<tr><td colspan="4">2. 测量零件时需注意什么？如何测量螺纹的大径？测量螺距有哪几种方法？
（提示：采用网络查询法、资料查询法、小组讨论法）</td></tr>
<tr><td colspan="4"></td></tr>
<tr><td colspan="4">3. 如何查表确定螺纹标准值？通止规测量验证是如何验证的？
（提示：采用网络查询法、资料查询法、小组讨论法）</td></tr>
<tr><td colspan="4"></td></tr>
<tr><td>完成任务总结
（工欲善其事，
必先利其器）</td><td colspan="4">1. 存在其他问题与解决方案

2. 收获与体会

3. 其他建议</td></tr>
</table>

工作任务 3.3　任务评价单

班级		学号		姓名		日期		成绩	
小组成员（姓名）									

职业能力评价	分值	自评（10%）	组长评价（20%）	教师综合评价（70%）
完成任务思路	5			
信息收集情况	5			
团队合作	10			
练习态度	10			
考勤	10			
讲演与答辩	35			
按时完成任务	15			
善于总结学习	10			
合计评分	100			

工作任务 3.4　绘制非标件草图

平口钳中除了螺钉、垫圈等标准件以外的非标件和常用件，都要画出零件草图。下面以平口钳中的活动钳口为例说明零件的测绘过程。

3.4.1　选择零件视图并确定表达方案

1. 结构分析

图 3-4-1 所示为活动钳口零件草图，活动钳口零件是典型的“凸”字形结构，上部与丝杆相配合并通过顶丝限位，将丝杆的旋转运动改变为螺母的往复直线移动。下部（凸起部分）与固定钳口的工字形滑槽配合并用 2 个螺丝与压块进行连接吊装。

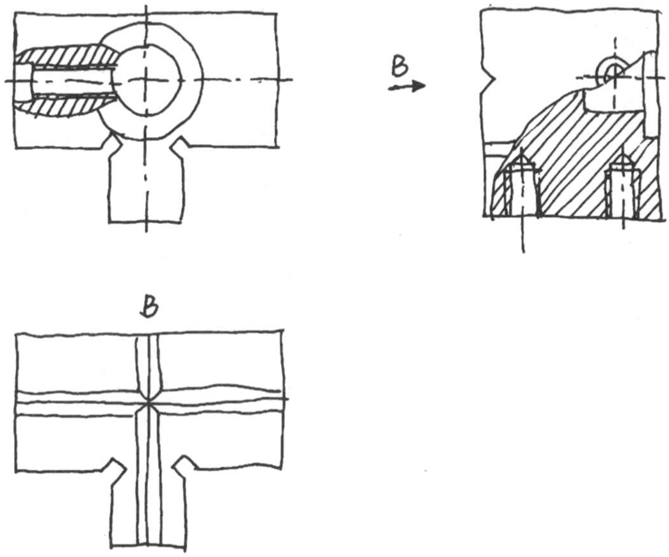

图 3-4-1　活动钳口零件草图

2. 表达分析

活动钳口零件草图的主视图采用全剖视，表达活动钳口下部的螺孔和上部的螺杆固定（盲孔），左视图主要表达外形，仰视图和右视图主要表达螺孔的位置。

3.4.2　标注尺寸

如图 3-4-2 所示，以活动钳口（见图 3-4-2）左右对称平面（阶梯孔竖直中心线）为长度方向尺寸主要基准，注出ϕ13、ϕ22、50、13.5 和 4；以活动钳口底面为高度方向尺寸主要基准，注出尺寸 14、8.5、26.5 和 39，以侧面螺孔轴线为辅助基准注出ϕ7.2、M6；以活动钳口前面为宽度方向尺寸主要基准，注出尺寸 34.5，8.5 和 15，以底面 2

个螺孔轴线为辅助基准注出 2 × M6。其余尺寸读者自行分析。

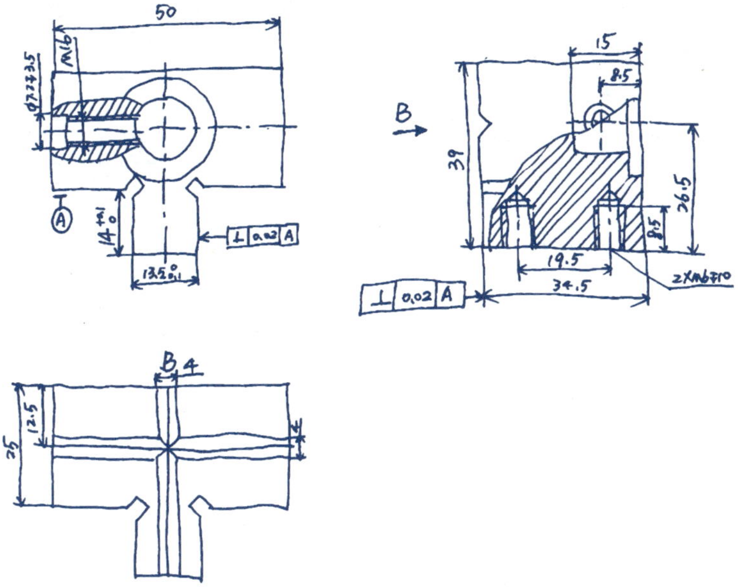

图 3-4-2　活动钳口标注尺寸

3.4.3　初定材料和技术要求

1. 初定材料

平口钳中的固定钳口和活动钳口要求有一定的硬度和韧度，如 45 号以上、60 号以下的碳钢材料，淬火后再正火（随炉冷却）；螺母块、环以及垫圈等受力不大的零件选用碳素结构钢 Q235A；对于轴、杆、键、销等零件通常也选用碳素结构钢，如螺杆的材料可采用 45 钢，进行调质热处理。

2. 表面粗糙度的确定

固定钳口工字形槽的上、下导面均有较严的表面粗糙度要求，*R*a 值选用 0.8 μm。同样，为了使活动钳口在固定钳口里能移动自如，它的下部凸出部分的上表面也有较严的表面粗糙度要求，*R*a 值也选 0.8 μm。对于非工作表面如活动钳口的其他机加工表面、固定钳口的底面、安装孔表面等，*R*a 值可选 6.3 μm 或 12.5 μm。

3. 配合要求

平口钳各零件间有配合要求的共有 3 处，为了使丝杆螺母在固定钳口圆柱孔内固定，丝杆螺母与圆孔采用基孔制过盈配合（ϕ19H7/m6）。

为了使活动钳口在固定钳口工字形槽的水平面导面上能移动自如，活动钳口与固定钳口导面两侧的结合面也采用基孔制间隙配合（13.5H8/f7，14H8/h7）。

工作任务 3.4　任务学习单

<table>
<tr><td colspan="2">任务名称</td><td>项目编号</td><td>小组号</td><td>组长姓名</td><td>学生姓名</td></tr>
<tr><td colspan="2">绘制非标件草图</td><td></td><td></td><td></td><td></td></tr>
<tr><td rowspan="6">学生自主
任务实施</td><td colspan="5">1. 平口钳需要画出哪些非标件？
（提示：采用网络查询法、资料查询法、小组讨论法）</td></tr>
<tr><td colspan="5"></td></tr>
<tr><td colspan="5">2. 请分析平口钳的结构。应选择什么视图来表达其结构？
（提示：采用网络查询法、资料查询法、小组讨论法）</td></tr>
<tr><td colspan="5"></td></tr>
<tr><td colspan="5">3. 平口钳的技术要求有哪些？
（提示：采用网络查询法、资料查询法、小组讨论法）</td></tr>
<tr><td colspan="5"></td></tr>
<tr><td>完成任务总结
（工欲善其事，
必先利其器）</td><td colspan="5">1. 存在其他问题与解决方案

2. 收获与体会

3. 其他建议</td></tr>
</table>

工作任务 3.4　任务评价单

<table>
<tr><td>班级</td><td></td><td>学号</td><td></td><td colspan="2">姓名</td><td></td><td>日期</td><td colspan="2"></td><td>成绩</td><td></td></tr>
<tr><td>小组成员
（姓名）</td><td colspan="11"></td></tr>
<tr><td>职业能力评价</td><td>分值</td><td colspan="3">自评（10%）</td><td colspan="4">组长评价（20%）</td><td colspan="3">教师综合评价（70%）</td></tr>
<tr><td>完成任务思路</td><td>5</td><td colspan="3"></td><td colspan="4"></td><td colspan="3"></td></tr>
<tr><td>信息收集情况</td><td>5</td><td colspan="3"></td><td colspan="4"></td><td colspan="3"></td></tr>
<tr><td>团队合作</td><td>10</td><td colspan="3"></td><td colspan="4"></td><td colspan="3"></td></tr>
<tr><td>练习态度</td><td>10</td><td colspan="3"></td><td colspan="4"></td><td colspan="3"></td></tr>
<tr><td>考勤</td><td>10</td><td colspan="3"></td><td colspan="4"></td><td colspan="3"></td></tr>
<tr><td>讲演与答辩</td><td>35</td><td colspan="3"></td><td colspan="4"></td><td colspan="3"></td></tr>
<tr><td>按时完成任务</td><td>15</td><td colspan="3"></td><td colspan="4"></td><td colspan="3"></td></tr>
<tr><td>善于总结学习</td><td>10</td><td colspan="3"></td><td colspan="4"></td><td colspan="3"></td></tr>
<tr><td>合计评分</td><td>100</td><td colspan="3"></td><td colspan="4"></td><td colspan="3"></td></tr>
</table>

工作任务 3.5　绘制平口钳装配图

根据装配示意图和零件草图画装配图。在画装配图的过程中，如发现零件草图的结构形状或尺寸存在问题，应对照零件进行核对并改正。

3.5.1　平口钳装配图的绘制顺序

平口钳装配图的绘制可按固定钳口→活动钳口→压块及其上的螺钉→螺母块→螺杆及其装配线上的零件顺序进行，如图 3-5-1 所示。

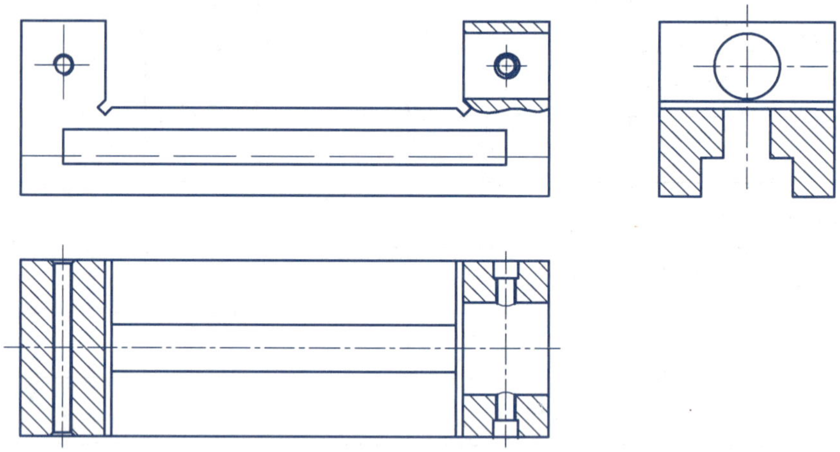

（a）绘制固定钳口

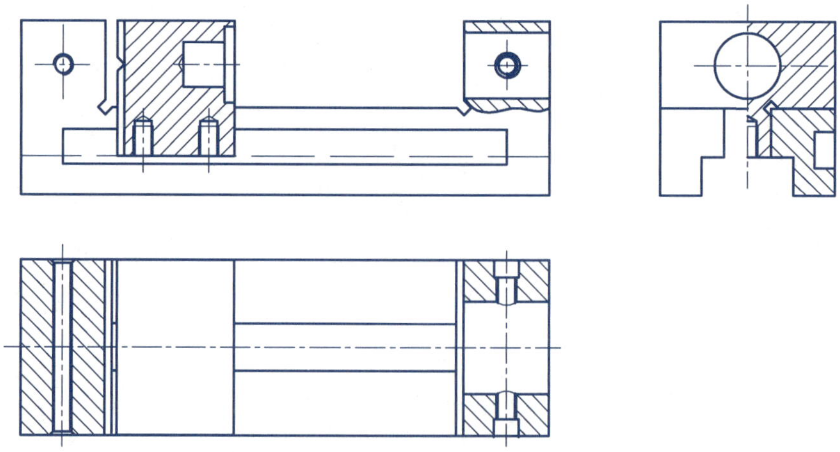

（b）绘制活动钳口

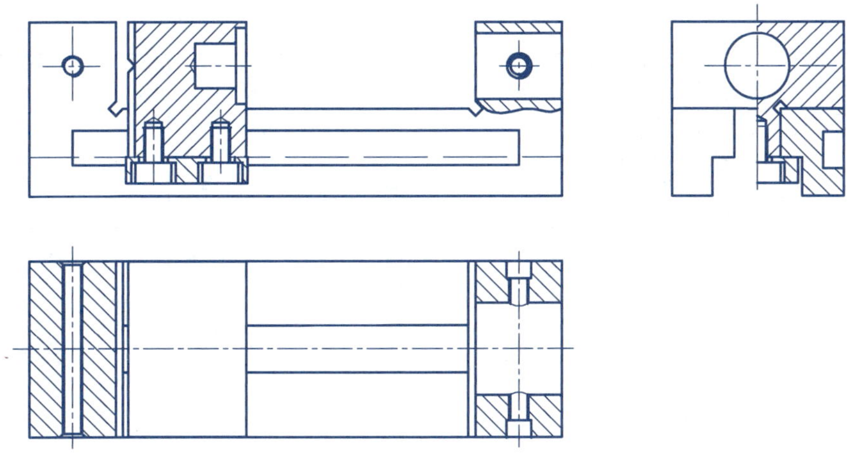

（c）绘制压块及其上的螺钉

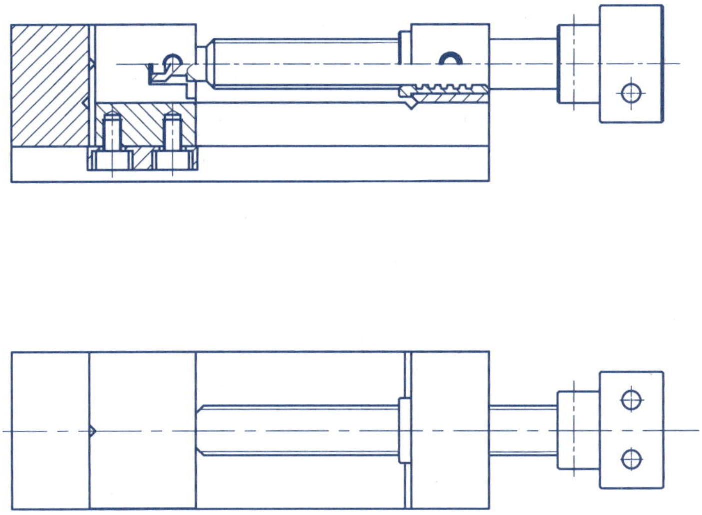

（d）绘制螺母块

图 3-5-1　平口钳装配图的绘制顺序

3.5.2　平口钳装配图的表达形式

如图 3-5-2 所示，平口钳装配图采用三个基本视图来表达。主视图采用局部剖视图，反映平口钳的工作原理和零件间的装配关系。俯视图反映了固定钳口、活动钳口和螺杆等的结构形状。左视图采用 *A—A* 半剖视图，清楚表达活动钳口下部两侧是如何包容固定钳口两侧作左右导向（13.5H8/f7）；压块底部前后凸起部分的上表面与固定钳口工字形下面接触，丝杆螺纹与螺杆连接及顶丝螺钉的作用等。

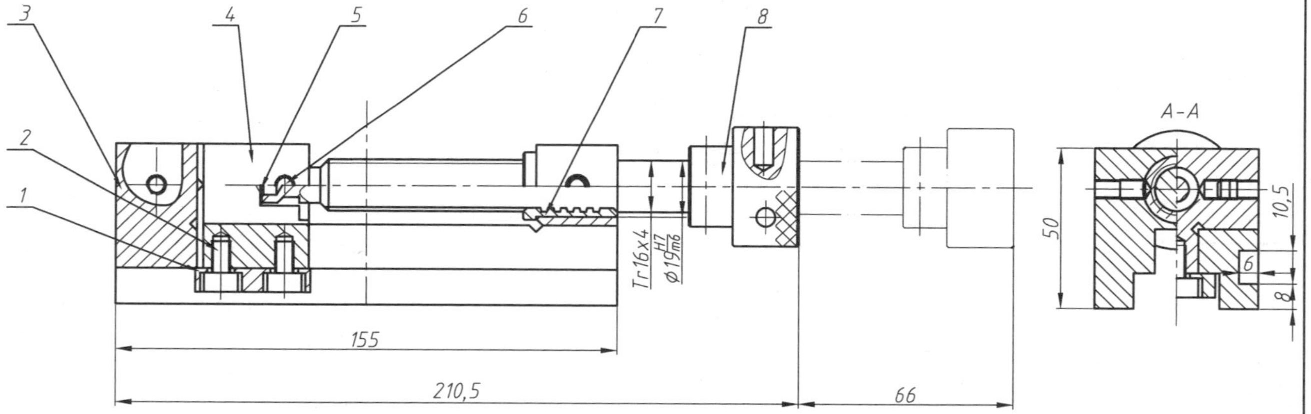

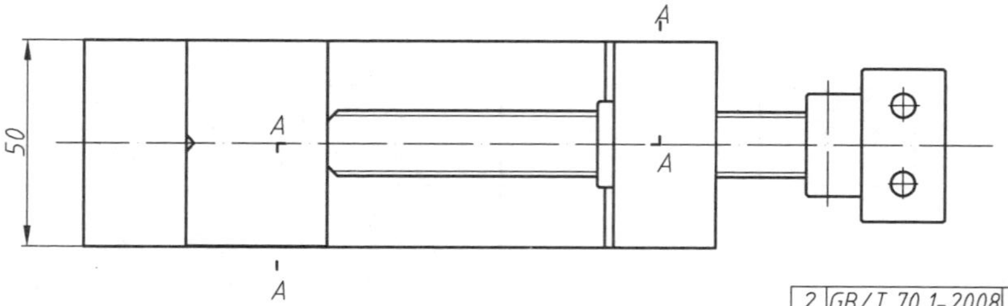

技术要求

以平口钳平口钳装配体的合格验收要求为准。

9	GB/T78-2007	平头顶丝	1	45			库中调取
8	PKQ-05	压块	1	45			
7	PKQ-03	丝杠螺母	1	H68			
6	GB/T78-2007	顶丝	3	45			库中调取
5	GB/T95-2002	垫圈	2	45			库中调取
4	PKQ-02	活动钳口	1	45			
3	PKQ-01	固定钳口	1	45			

序号	代号	名称	数量	材料	单件质量	总计质量	备注
2	GB/T 70.1-2008	内六角柱头螺钉	2	45			库中调取
1	PKQ-05	压 块	1	45			

标记	处数	分区	更改文件号	签名	年月日	组件
设计			标准化			阶段标记 | 重量 | 比例
审核						
工艺			批准			共 张 第 张

图 3-5-2　平口钳装配图

工作任务 3.5 任务学习单

<table>
<tr><td colspan="2">任务名称</td><td>项目编号</td><td>小组号</td><td>组长姓名</td><td>学生姓名</td></tr>
<tr><td colspan="2">绘制平口钳装配图</td><td></td><td></td><td></td><td></td></tr>
<tr><td rowspan="6">学生自主
任务实施</td><td colspan="5">1. 平口钳的装配图采用什么方式来表达？
（提示：采用网络查询法、资料查询法、小组讨论法）</td></tr>
<tr><td colspan="5"></td></tr>
<tr><td colspan="5">2. 绘制平口钳的装配图步骤有哪些？
（提示：采用网络查询法、资料查询法、小组讨论法）</td></tr>
<tr><td colspan="5"></td></tr>
<tr><td colspan="5">3. 平品钳的装配尺寸有哪些？
（提示：采用网络查询法、资料查询法、小组讨论法）</td></tr>
<tr><td colspan="5"></td></tr>
<tr><td>完成任务总结
（工欲善其事，
必先利其器）</td><td colspan="5">1. 存在其他问题与解决方案

2. 收获与体会

3. 其他建议</td></tr>
</table>

工作任务 3.5　任务评价单

班级		学号		姓名		日期		成绩	
小组成员（姓名）									
职业能力评价	分值	自评（10%）		组长评价（20%）			教师综合评价（70%）		
完成任务思路	5								
信息收集情况	5								
团队合作	10								
练习态度	10								
考勤	10								
讲演与答辩	35								
按时完成任务	15								
善于总结学习	10								
合计评分	100								

工作任务 3.6　绘制零件二维工程图

画装配图的过程，也是进一步校对零件草图的过程，而画零件工作图则是在零件草图经过画装配图进一步校核后进行的。从零件草图到零件工作图不是简单地重复照抄，应再次检查及时订正，并按装配图中选定的极限与配合要求，在零件工作图上注写尺寸公差数值，标注形位公差代号和表面粗糙度的符号。

下面以平口钳中的丝杆和固定钳座的零件工作图为例进行分析。

3.6.1　丝　杆

1. 结构分析

如图 3-6-1 所示，丝杆的中间段是矩形螺纹（属非标准螺纹），螺纹右端有退刀槽；螺杆左端有销孔，右端是方形凸缘；丝杆左右两端分别与手柄孔和固定钳座上的丝杆螺母有配合关系。

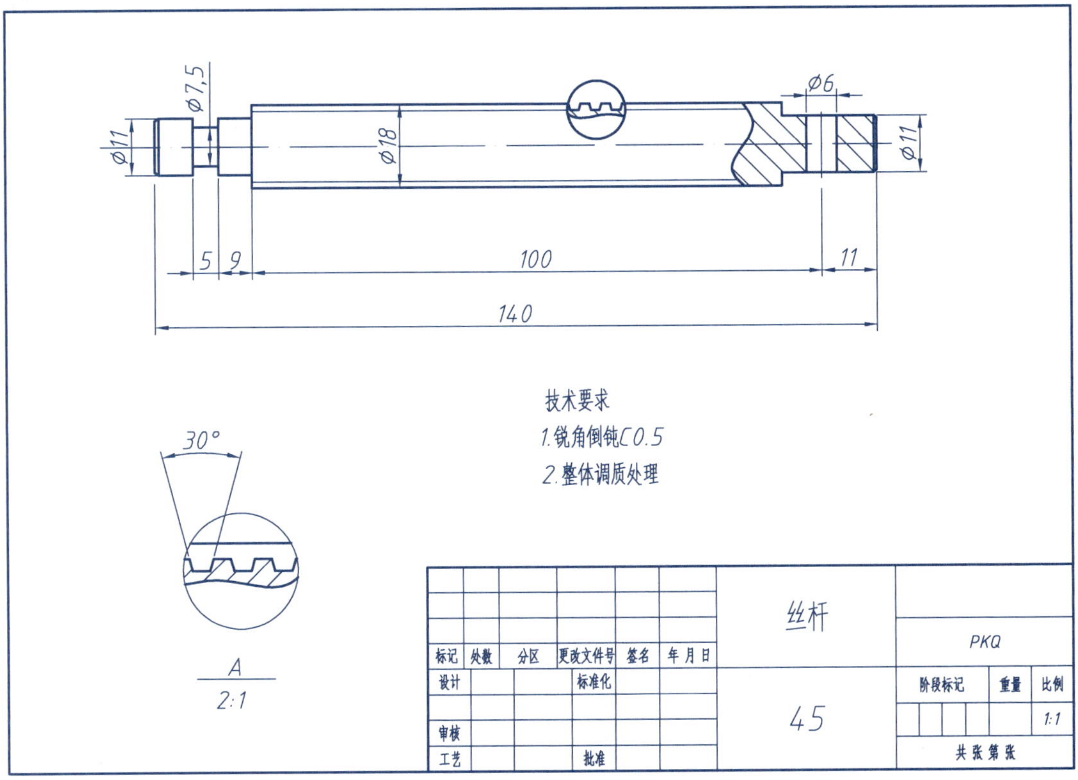

图 3-6-1　丝杆零件工作图

2. 表达分析

采用一个基本视图和一个局部放大图表达。

3. **尺寸分析**

以丝杆水平轴线为径向尺寸主要基准，注出各轴段直径；以退刀槽右端面为长度方向尺寸主要基准，注出尺寸 32、174 和 $4\times\phi13$，再以两端面为辅助基准注出各部分尺寸。

4. **标注尺寸公差**

按装配图上标注的尺寸 ϕ12H8/f7 和 ϕ18H8/f7，从附表 14 分别查得极限偏差：$\phi12f7(^{+0.016}_{-0.034})$、$\phi18f7(^{+0.016}_{-0.034})$。

5. **注写表面粗糙度**

螺杆上凡工作表面的表面粗糙度均选择 Ra3.2，其余表面为 Ra6.3。

3.6.2　固定钳座

1. **结构分析**

如图 3-6-2 所示，固定钳口的结构形状为两边高中间低，下部是空腔（从侧面看为一“凸”字形），中间有一滑槽。中间段上部空腔的区域为活动钳口的活动区域，下部的“凸”字形槽的作用是放置限制活动钳口的位置，是供活动钳口滑动的区域。

2. **表达分析**

钳座的主视图按其工作位置选择，即与装配图一致。按其结构形状再增加俯视图和左视图。为表达内部结构，主视图采用全剖视，左视图采用半剖视，俯视图主要表达外形，采用局部剖视。

3. **尺寸分析**

固定钳座长、宽、高三个方向的基准选择和标注尺寸的步骤读者可自行分析。下面对标注钳座尺寸时应特别注意的地方分析如下：孔 ϕ12 和 ϕ18 宜注出公差带代号和公差数值 $\phi12H8(^{+0.027}_{0})$、$\phi18H8(^{+0.027}_{0})$，以便加工时借用量规检验孔径是否合格；钳座前后两面间距的尺寸 82 宜给出 f7，便于使用卡规检验，同时注出极限偏差，便于加工时控制实际尺寸 $82f7(^{+0.036}_{-0.071})$；主视图中的尺寸 20 和左视图中的尺寸 11 两个尺寸所选基准应保持与活动钳身一致（对应），以便两钳口板装上后顶面平齐，也有利于装配后修磨两钳口顶面；左视图中的定位尺寸 6 要与螺纹块中的定位尺寸 6 一致（对应）；有装配功能要求的螺孔，光孔孔组的孔距一般设计选用 ± 0.3 公差即可，如左视图中的（11 ± 0.3）和（40 ± 0.3）。

4. **注写表面粗糙度**

凡与其他零件有相对运动的表面，如钳座工字形槽的上表面、轴孔的内表面等表面粗糙度要求较严，选择 Ra 值为 1.6 μm，其他非工作表面 Ra 值为 6.3 μm，标注时可采用多个表面的简化注法。螺母块、活动钳身以及钳口板、螺钉、环等零件工作图由读者自行完成。最后再次对平口钳装配图和零件工作图复核。至此，平口钳测绘工作全部完成。

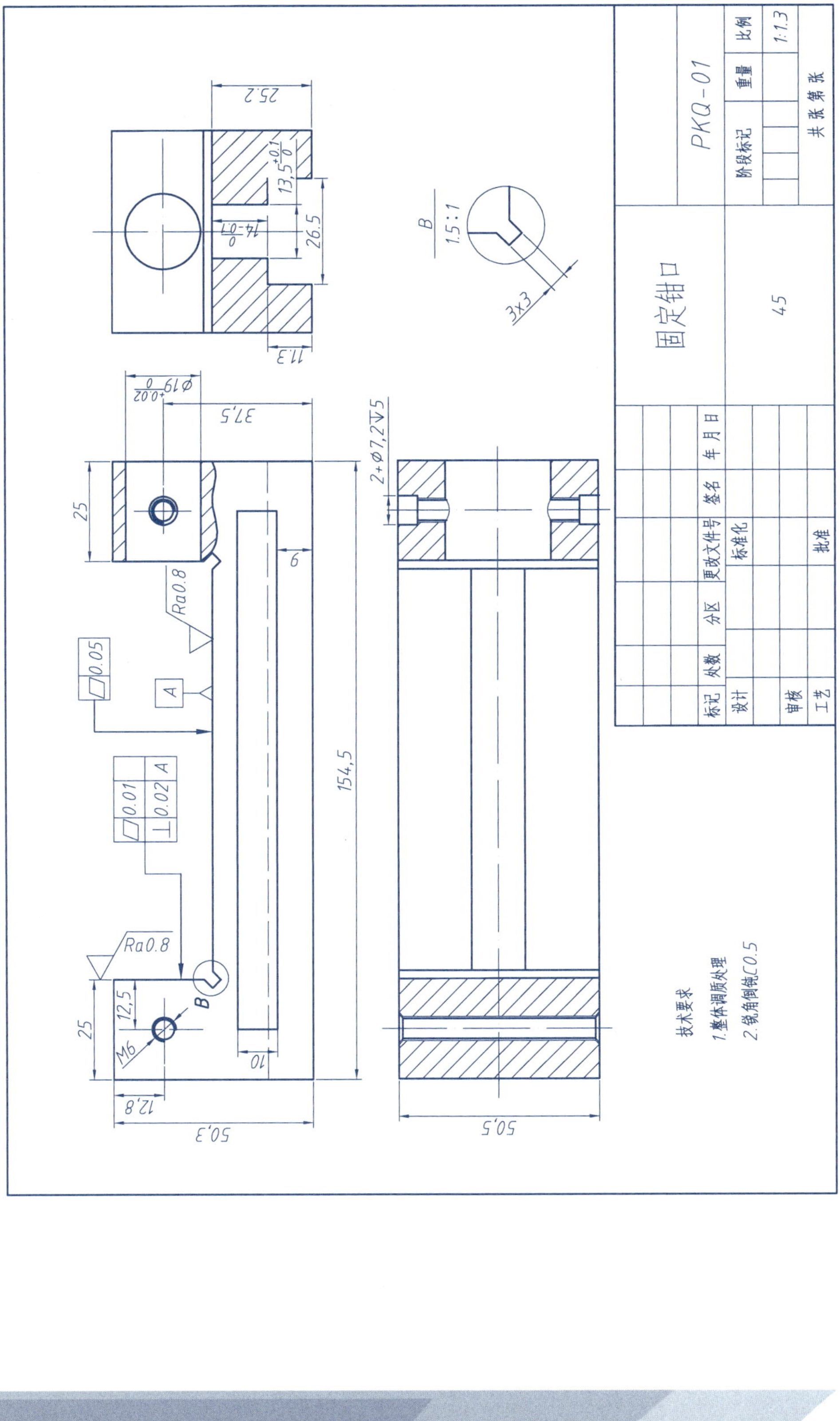

图 3-6-2 固定钳口零件工作图

工作任务 3.6　任务学习单

任务名称		项目编号	小组号	组长姓名	学生姓名
绘制零件二维工程图					
学生自主任务实施	1. 平口钳的形位公差有哪些？ （提示：采用网络查询法、资料查询法、小组讨论法）				
	2. 请分析平口钳的丝杆和固定钳座。 （提示：采用网络查询法、资料查询法、小组讨论法）				
	3. 平口钳都有哪些表面粗糙度？ （提示：采用网络查询法、资料查询法、小组讨论法）				
完成任务总结（工欲善其事，必先利其器）	1. 存在其他问题与解决方案 2. 收获与体会 3. 其他建议				

工作任务 3.6　任务评价单

<table>
<tr><td>班级</td><td></td><td>学号</td><td></td><td>姓名</td><td></td><td>日期</td><td></td><td>成绩</td><td></td></tr>
<tr><td>小组成员
（姓名）</td><td colspan="9"></td></tr>
<tr><td>职业能力评价</td><td>分值</td><td colspan="2">自评（10%）</td><td colspan="3">组长评价（20%）</td><td colspan="3">教师综合评价（70%）</td></tr>
<tr><td>完成任务思路</td><td>5</td><td colspan="2"></td><td colspan="3"></td><td colspan="3"></td></tr>
<tr><td>信息收集情况</td><td>5</td><td colspan="2"></td><td colspan="3"></td><td colspan="3"></td></tr>
<tr><td>团队合作</td><td>10</td><td colspan="2"></td><td colspan="3"></td><td colspan="3"></td></tr>
<tr><td>练习态度</td><td>10</td><td colspan="2"></td><td colspan="3"></td><td colspan="3"></td></tr>
<tr><td>考勤</td><td>10</td><td colspan="2"></td><td colspan="3"></td><td colspan="3"></td></tr>
<tr><td>讲演与答辩</td><td>35</td><td colspan="2"></td><td colspan="3"></td><td colspan="3"></td></tr>
<tr><td>按时完成任务</td><td>15</td><td colspan="2"></td><td colspan="3"></td><td colspan="3"></td></tr>
<tr><td>善于总结学习</td><td>10</td><td colspan="2"></td><td colspan="3"></td><td colspan="3"></td></tr>
<tr><td>合计评分</td><td>100</td><td colspan="2"></td><td colspan="3"></td><td colspan="3"></td></tr>
</table>

工作任务 3.7　绘制零件三维图

步骤 1　选择命令。选择下拉菜单“文件（F）”→“新建（N）...”（或“Ctrl+N”）命令，系统弹出如图 3-7-1 所示的“新建 Solidworks 文件”对话框。

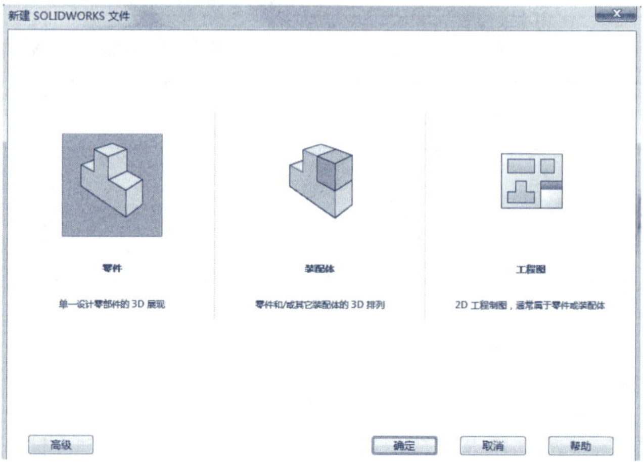

图 3-7-1　“新建 Solidworks 文件”对话框

步骤 2　在对话框中选择“零件”，单击“确定”按钮，进入零件三维建模环境。

步骤 3　建模活动钳口。单击“拉伸凸台/基体”按钮 拉伸凸台/基体，选择“前视基准面”，进入草图绘制界面。接着绘制如图 3-7-2（a）所示两端半圆形草图并确保草图处于完全定义状态（即所有图线均变成黑色）。绘制完成后单击按钮，退出草图绘制环境并随即进入“凸台-拉伸”对话框，在“方向”选择“两侧对称”，输入深度值“34”，单击退出，完成基板的拉伸建模，如图 3-7-2（b）所示。

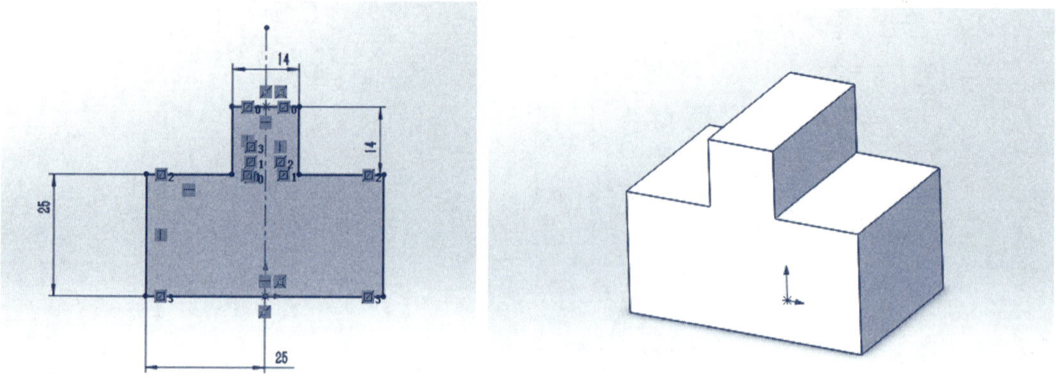

（a）　　（b）

图 3-7-2　活动钳口的创建

步骤 4 创建砂轮越程槽。再次单击“拉伸切除”按钮 拉伸切除，选择前一步骤创建完成的机体前视图一面作为草绘平面，进入草图绘制的界面。接着绘制如图 3-7-3（a）所示边长为 3 的正方形草图并确保草图处于完全定义状态（即所有图线均变成黑色）。绘制完成后单击按钮，退出草图绘制环境并随即进入“拉伸切除”对话框，“方向”选择“完全贯穿”，单击退出，完成砂轮越程槽的建模，如图 3-7-3（b）所示。在“特征”中点击 “镜向”按钮 镜向，“镜向面/基准面”选择“右视基准面”，镜向特征点选刚刚创建的“砂轮越程槽”，最后点击确定如图 3-7-3（c）所示。

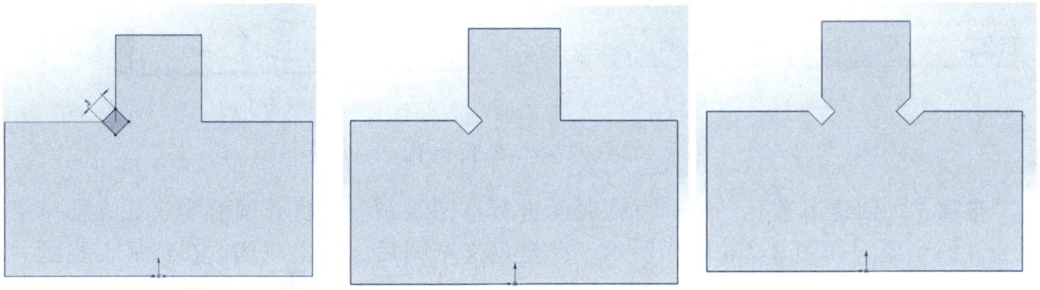

（a）　　　　（b）　　　　（c）

图 3-7-3 砂轮越程槽创建

步骤 5 创建沉孔。选择前端面作为基准面绘制草图，如图 3-7-4（a）所示，点击开始草图绘制，绘制一个直径为 22 的圆，如图 3-7-4（b）所示。绘制完成后单击按钮，退出草图绘制环境并随即进入“拉伸切除”对话框，输入深度数值“2”如图 3-7-4（c）所示，单击退出，完成沉孔的建模。

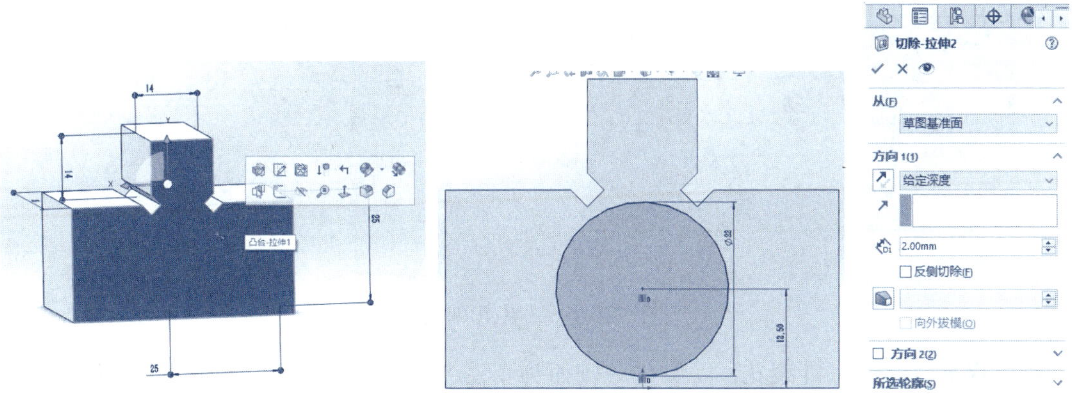

（a）　　　　（b）　　　　（c）

图 3-7-4 创建沉孔

步骤 6 创建盲孔。以步骤 5 圆孔切面为基准面绘制草图，绘制如图 3-7-5（a）所示直径为 12 的圆，绘制完成后单击按钮，退出草图绘制环境并随即进入“拉伸切除”

对话框，输入深度数值“15”，单击✔退出，完成盲孔的建模如图 3-7-5（b）所示。

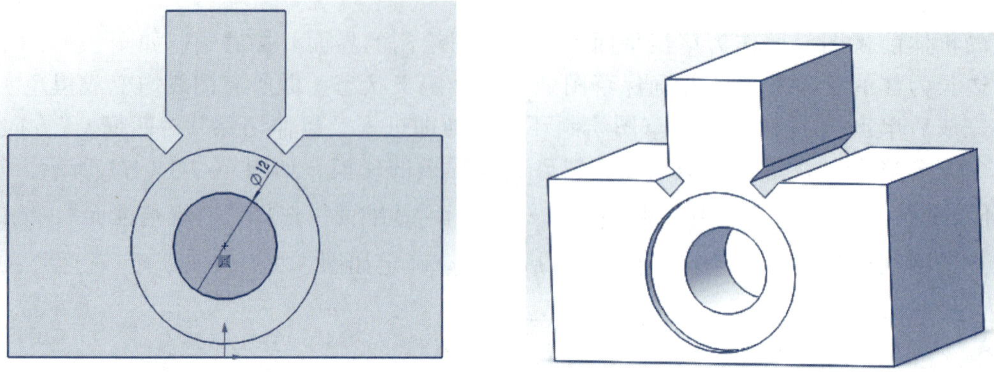

（a）　　　　　　　　　　　　（b）

图 3-7-5　创建盲孔

步骤 7　创建工艺孔。选择盲孔底面进行草图绘制，以盲孔圆心为中心，画一个直径为 3 的半圆，如图 3-7-6（a）所示，完全定义草图后，退出草图。在特征上找到“旋转切除”按钮 旋转切除，选取水平方向的直径为旋转轴，其余设置如图 3-7-6（b）所示，点击“确定”按钮，完成特征创建。

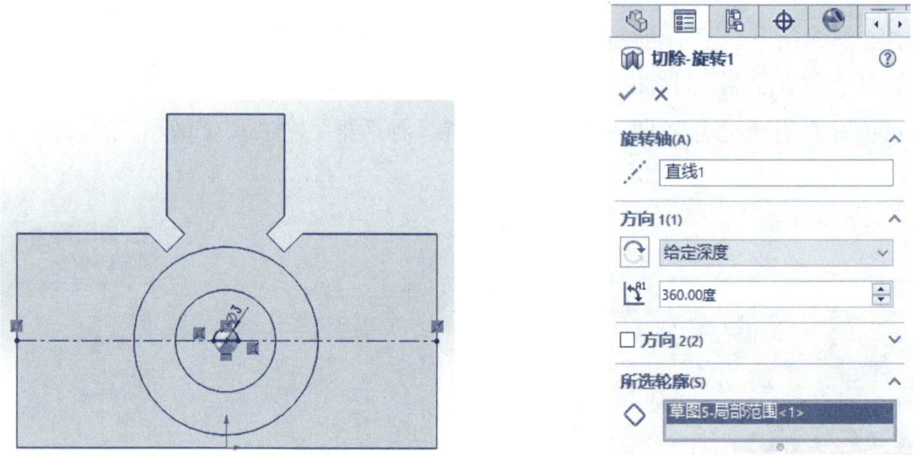

（a）　　　　　　　　　　　　（b）

图 3-7-6　工艺孔创建

步骤 8　创建钳口滚花。以钳口一侧面为草图基准面绘制草图，在侧边中点绘制三角形如图 3-7-7（a）所示，在特征点击“拉伸切除”完全贯穿活动钳口。以活动钳口底面为基准面，在后端边线中间绘制相同三角形如图 3-7-7（b）所示，在特征点击“拉伸切除”完全贯穿活动钳口，形成两条相交的沟槽如图 3-7-7（c）所示，完成钳口滚花的创建。

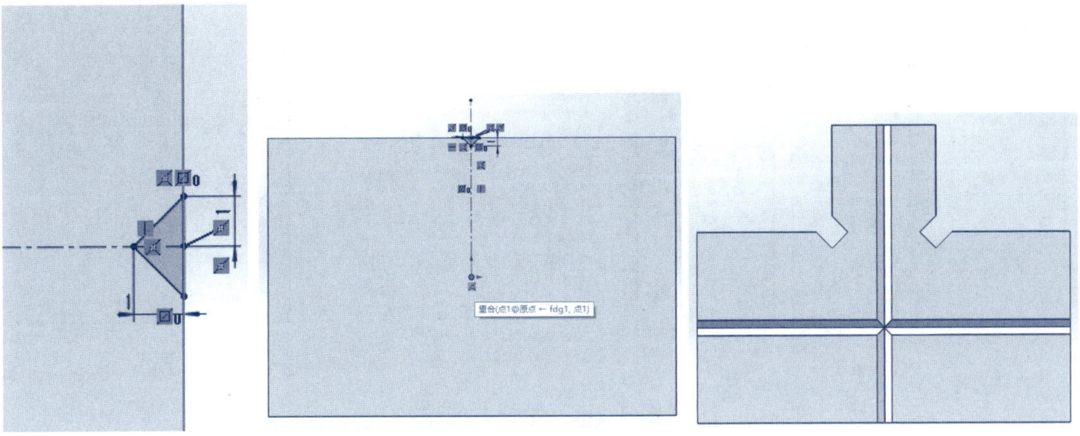

（a）　　　　（b）　　　　（c）

图 3-7-7　钳口滚花创建

步骤 9　创建螺纹孔。在特征里找到“异形孔向导”按钮，如图 3-7-8（a）所示，依次操作确定螺纹孔型号尺寸，“孔类型”选择“孔”，其他值为默认，确定型号尺寸后点击右边的“位置”里的“3D 草图”，在台体顶端大概位置放置两个螺纹孔如图 3-7-8（b）所示，点击✔按钮退出特征创建。在设计树上点击刚才创建的螺纹孔特征里的 3D 草图如图 3-7-8（c）所示，点击“编辑草图“，添加约束条件如图 3-7-8（d）所示，使其完全定义，点击确定退出草图，完成两个螺纹孔的特征创建。

同理创建右侧边的柱型沉头孔，在螺纹孔型号尺寸处改为如图 3-7-8（e）所示一样，孔类型为“柱型沉头孔”，其他值为默认，且在“3D 草图”里添加如图 3-7-8（f）所示相同条件即可创建右侧螺纹孔。

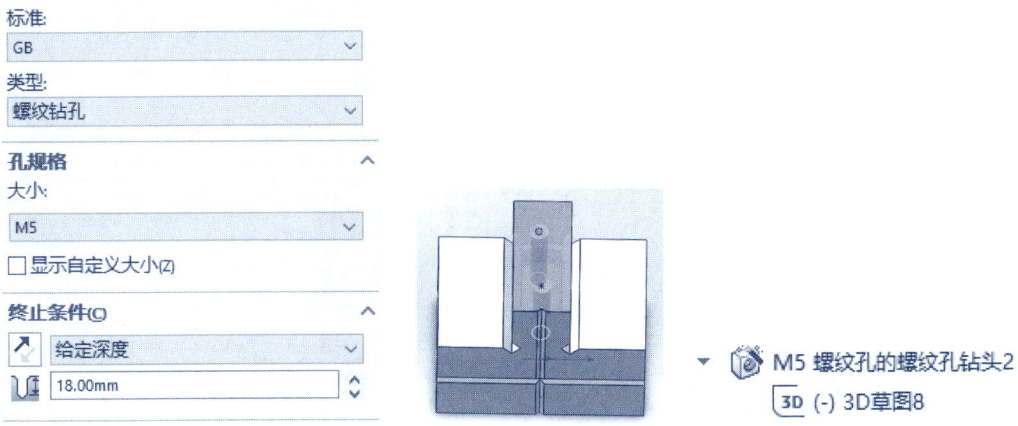

（a）　　　　（b）　　　　（c）

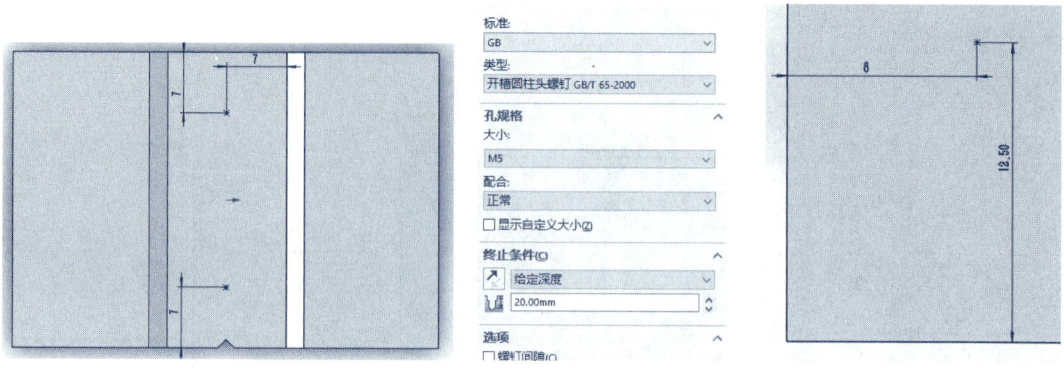

（d）　　　　　　　　　（e）　　　　　　　　　（f）

图 3-7-8　螺纹孔创建

步骤 10　创建倒角。点击特征里的“圆角”三角形按钮 圆角，选择“倒角”，点击第二个倒角类型，依次选择两条螺纹孔边线、一条柱型沉头孔边线、底面三条边线共六条边线如图 3-7-9 所示，倒角为 0.5mm，单击✔退出，完成活动钳口建模如图 3-7-10 所示。

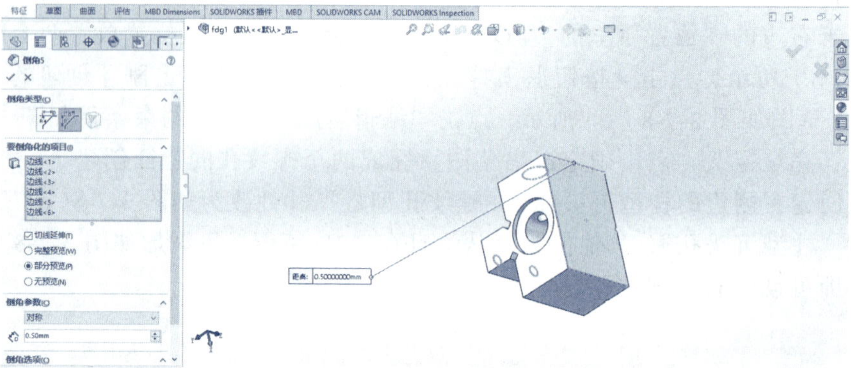

图 3-7-9

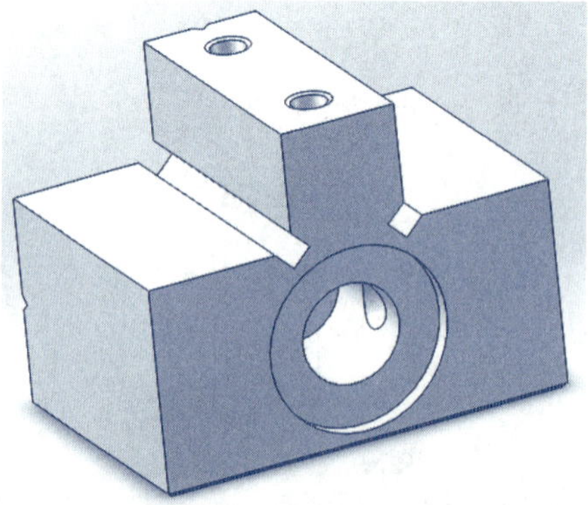

图 3-7-10　活动钳口

工作任务 3.7 任务学习单

<table>
<tr><td>任务名称</td><td>项目编号</td><td>小组号</td><td>组长姓名</td><td>学生姓名</td></tr>
<tr><td>绘制零件三维图</td><td></td><td></td><td></td><td></td></tr>
<tr><td rowspan="6">学生自主
任务实施</td><td colspan="4">1. 列出 Solidworks 绘制平口钳的建模思路。
（提示：采用网络查询法、资料查询法、小组讨论法）</td></tr>
<tr><td colspan="4"></td></tr>
<tr><td colspan="4">2. 平口钳的工作原理是什么？
（提示：采用网络查询法、资料查询法、小组讨论法）</td></tr>
<tr><td colspan="4"></td></tr>
<tr><td colspan="4">3. 平口钳的用途有哪些？
（提示：采用网络查询法、资料查询法、小组讨论法）</td></tr>
<tr><td colspan="4"></td></tr>
<tr><td>完成任务总结
（工欲善其事，
必先利其器）</td><td colspan="4">1. 存在其他问题与解决方案

2. 收获与体会

3. 其他建议</td></tr>
</table>

工作任务 3.7　任务评价单

班级		学号		姓名		日期		成绩	
小组成员（姓名）									

职业能力评价	分值	自评（10%）	组长评价（20%）	教师综合评价（70%）
完成任务思路	5			
信息收集情况	5			
团队合作	10			
练习态度	10			
考勤	10			
讲演与答辩	35			
按时完成任务	15			
善于总结学习	10			
合计评分	100			

项目 4

齿轮油泵的测绘

机件自我介绍

组件名称：齿轮油泵。

用途：齿轮油泵适用于输送各种有润滑性的液体，温度不高于 70 °C，如需高温 200 °C，可配用耐高温材料即可。本泵不适用于输送腐蚀性的、含硬质颗粒或纤维的、高度挥发或闪点低的液体，如汽油、苯等。

工作原理：如图 4-0-1 所示，齿轮油泵泵体内可容纳一堆齿数相等的齿轮，其中一个是传（主）动齿轮轴，该轴一端外伸，伸出部分称为“轴伸”。轴伸处装一传动齿轮，以承受和传递外来的动力。另一个是从动齿轮轴，与传动齿轮轴啮合作旋转运动。泵体的左右有端盖，端盖与泵体用螺钉连接，它们之间装有垫片，既可调整齿轮与泵体间的轴向间隙，又可防止漏油。传动齿轮轴右端与右端盖轴孔相配处有填料，用压紧螺母通过压盖将其压紧，以防漏油。

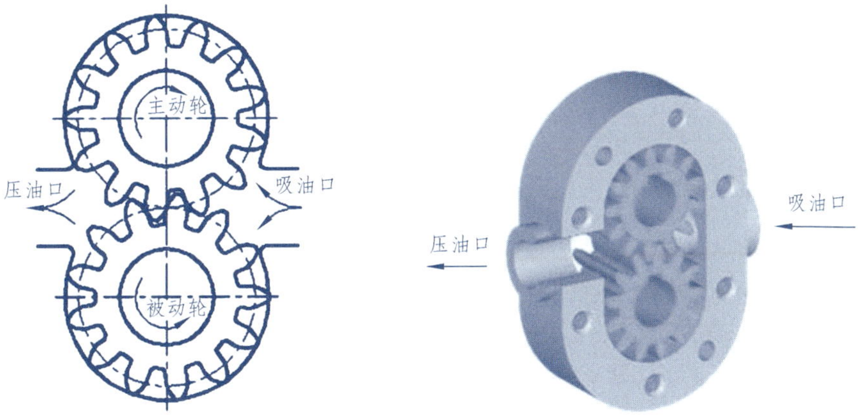

图 4-0-1　平齿轮油泵的工作原理

齿轮油泵的工作原理如图 4-0-1 所示。泵体的前后各有一个管螺纹的螺孔，一个是吸油口，另一个是压油口。当外来动力通过传动齿轮传递给传动齿轮轴，并带动从动齿轮轴按图中箭头方向旋转时，两齿轮啮合区右边的油被轮齿带走，压力降低，形成负压，油池中的油在大气压力作用下被吸入。随着齿轮的转动，齿槽中的油不断被带到齿轮啮合区的左边，形成高压油，然后从压油口将油压出，通过管路将油输送到需要润滑的部位。

齿轮泵是用两个齿轮互啮转动来工作，对介质要求不高。一般的压力在 6 MPa 以下，流量较大。齿轮油泵在泵体中装有一对回转齿轮，一个为主动轮，一个为被动轮，依靠两齿轮的相互啮合，把泵内的整个工作腔分两个独立的部分，称作吸入腔和排出腔。齿轮油泵在运转时主动齿轮带动被动齿轮旋转，当齿轮从啮合到脱开时在吸入侧就形成局部真空，液体被吸入。被吸入的液体充满齿轮的各个齿谷而带到排出侧，齿轮进入啮合时液体被挤出，形成高压液体并经泵排出口排出泵外。

构造：主要由齿轮、轴、泵体、泵盖、轴承套、轴端密封等组成。齿轮经氮化处理有较高的硬度和耐磨性。与轴一同安装在可更换的轴套内运转。泵内全部零件的润滑均在泵工作时利用输送介质而自动达到。

工作任务 4.1　下达齿轮油泵测绘任务

4.1.1　组织形式及准备工作

1. 成员分组

（1）每一小组以 4 人为宜。

（2）分组时，应考虑能力的均衡，根据学生的学习成绩、独立工作能力、组织能力等，使每组内学生能互相交流、互相学习、取长补短，使测绘工作顺利进行。

（3）每组应指定一个组长，负责组织管理工作，并能起到带头的作用。测绘体、量具、工具、资料由组长分配专人负责保管，并督促组员遵守工作纪律，保持工作场地的整洁。

2. 准备工作

（1）测绘指导书：每人一份。

（2）测绘体：每组一台，一周之前应进行清理、检查。

（3）量具和工具：0 ~ 150 mm 游标卡尺和钢直尺每个组一把，300 mm 丁字尺每人一把，另外每个班配备若干内六角扳手、冲子、螺纹规、内外卡钳等。

（4）测绘用教室：绘图桌及凳、A3 图板应完好，教室灯光明亮。

3. 自备物品

按照指导教师提出要求，学生应提前准备好自备物品，例如绘图仪器及工具包，各种规格的绘图纸、坐标纸、复印纸等应提早准备。

4.1.2　需完成的任务与要求

需完成的任务：

（1）绘制齿轮油泵的零件草图一套。

（2）绘制齿轮油泵装配图一张。

（3）绘制泵体、左端盖、右端盖、主动齿轮轴、齿轮、从动齿轮和压紧螺母（后面两个小零件可画同一张 A4 纸上）的零件图。

（4）将图纸折叠并装订成册。

要求：

（1）通过对装配件的拆卸、组装、全面了解装配件的工作原理、用途、构造和各零件的主要结构、形状，弄清各零件之间的相对位置和装配连接关系。

（2）绘制图样应做到：优先选用 1 : 1 比例，视图选择合理、得当，内容表达完整、准确，尺寸标注清晰、齐全，字体工整，图面整洁。

（3）零件图、装配图应该注写必要的技术要求。技术要求的选择要合理，可用。

（4）零件图与装配图的对应结构尺寸应一致。

4.1.3 测绘内容及时间安排

测绘内容及时间安排建议见表 4-1-1。

表 4-1-1

序号	测绘内容	时间安排建议
1	分组、阅读本书有关内容，教师进行必要提示	2 学时
2	拆卸齿轮油泵，画装配示意图	2 学时
3	画零件草图并测量、标注尺寸	6 学时
4	画齿轮油泵装配图	8 学时
5	画零件工作图（泵体、左泵盖、右泵盖、齿轮轴）	8 学时
6	清洁场地、小结并上交完成的图纸和装配体以及测绘工具	2 学时
合计		5 天

工作任务 4.2　拆解齿轮油泵并绘制装配示意图

图 4-2-1 所示为齿轮油泵的轴测装配图，图 4-2-2 所示为齿轮油泵的轴测分解图，它由 11 种零件组成，其中垫圈 5、圆柱销 7 和螺钉 10、垫圈 11 是标准件。对照轴测装配图和轴测分解图，初步了解齿轮油泵主要零件之间的装配关系：传动齿轮轴 3（主动齿轮）和从动齿轮轴 2 啮合并置于泵体 6 空腔里面；左、右端盖+垫片 5（测绘模型不提供）分别与泵体 6 的两个侧面采用圆柱销 4 定位、螺钉 15 连接固定；轴套 9 穿过传动齿轮 3 顶住起密封作用的填充物（测绘模型不提供），再用压紧螺母 10 压紧固定；传动齿轮 11 通过键 14 与传动齿轮轴 3 连接，最后由垫圈 12、螺母 13 将其固定在传动轴上。

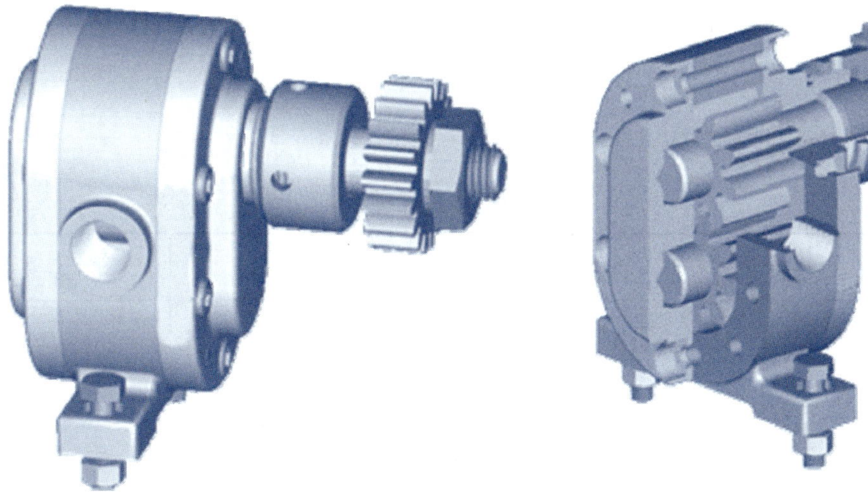

图 4-2-1　齿轮油泵轴测装配图

4.2.1　拆解齿轮油泵

从图 4-2-2 齿轮油泵轴测分解图可看出，齿轮油泵可分解成两条装配线，一条是传动齿轮轴装配线，传动齿轮轴装在泵体和左、右端盖的支承孔内，在传动齿轮轴右边的伸出端装有密封圈、轴套、压紧螺母、传动齿轮、键、弹簧垫圈和螺母；另一条是从动齿轮轴装配线，从动齿轮轴装在泵体和左、右端盖的支撑孔内，与主动齿轮相啮合。因此，齿轮油泵的拆解顺序可归纳为：

（1）螺母 13—弹簧垫圈 12—传动齿轮 11—压紧螺母 10（及轴套 9）—密封圈（图中未画出）；

（2）销 4—螺钉 15—左、右端盖 1 和 7—垫片 5—传动齿轮轴 3—从动齿轮轴 2—泵体 6。

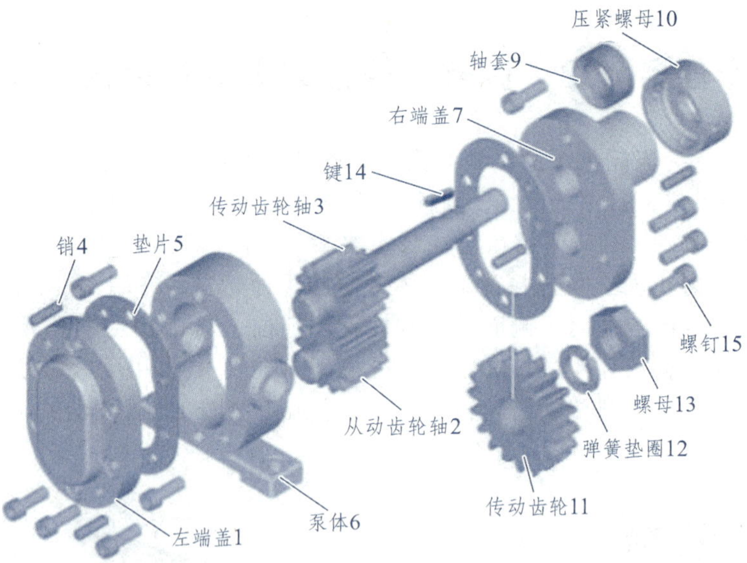

图 4-2-2　齿轮油泵轴测分解图

齿轮油泵的拆解操作见表 4-2-1。

表 4-2-1　齿轮油泵的拆解操作

操作步骤	操作方法图示或说明	所用工具
准备工作	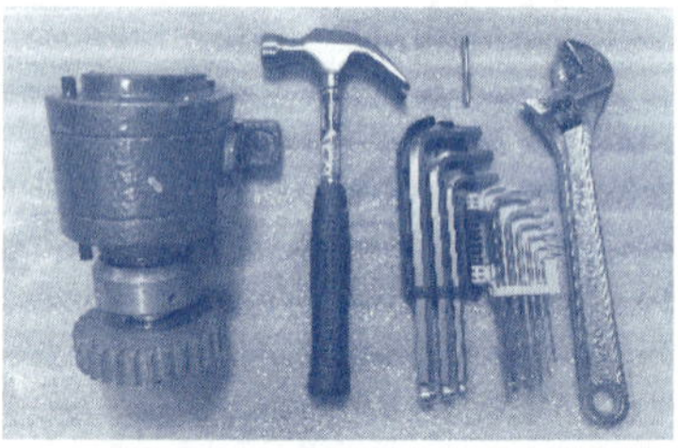	
拆卸传动齿轮（键连接）		活动扳手
拆卸左端盖（销定位、螺钉连接）	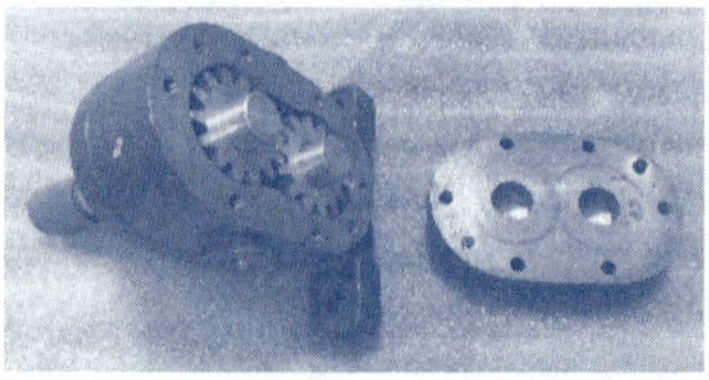	内六角扳手、钳子

续表

操作步骤	操作方法图示或说明	所用工具
拆卸一对啮合齿轮	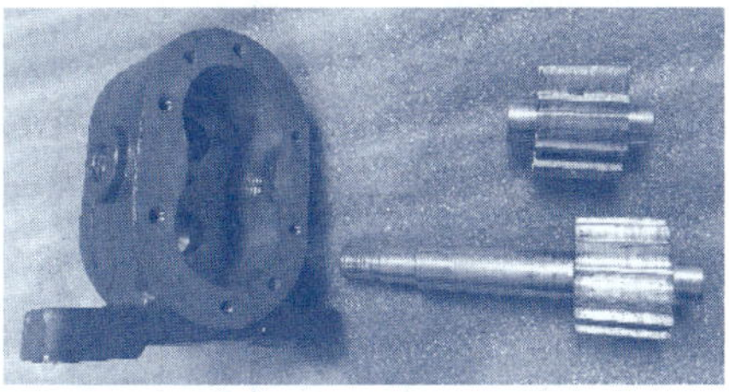	
拆卸右端盖（销定位、螺钉连接）	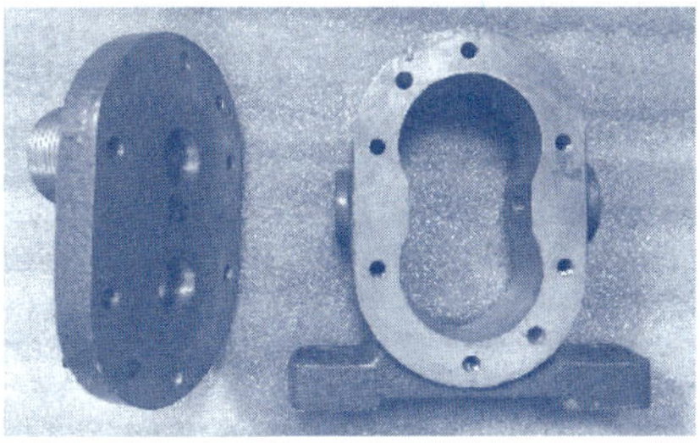	内六角扳手、钳子
清理		
完成拆卸		

4.2.2 绘制装配示意图

为了便于齿轮油泵部件拆解后装配复原和指导绘制装配图，在拆解零件的同时，画出部件的装配示意图，如图 4-2-3 所示。装配示意图是用简单的线条和机构运动常用的简图符号所画成的各零件的相关关系和大致轮廓。它的作用是指明有哪些零件以及它们装在什么地方，以便将拆散的零件按原样重新装配起来，同时也可供画装配图时参考。因此，在装配示意图上应按拆解顺序编写序号，并注写零件名称、代号、数量、材料等。不同位置的同一种零件只编一个序号。

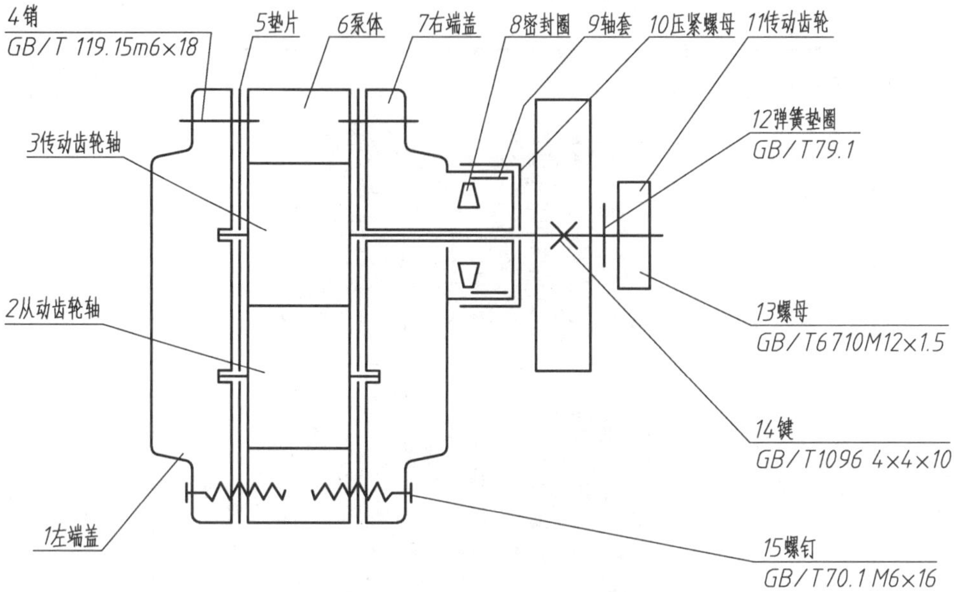

图 4-2-3 齿轮油泵装配示意图

工作任务 4.2 任务学习单

<table>
<tr><td colspan="2">任务名称</td><td>项目编号</td><td>小组号</td><td>组长姓名</td><td>学生姓名</td></tr>
<tr><td colspan="2">拆解齿轮油泵并绘制装配示意图</td><td></td><td></td><td></td><td></td></tr>
<tr><td rowspan="6">学生自主
任务实施</td><td colspan="5">1. 按拆解的顺序写出齿轮油泵的所有零件。
（提示：采用网络查询法、资料查询法、小组讨论法）</td></tr>
<tr><td colspan="5"></td></tr>
<tr><td colspan="5">2. 齿轮油泵各零件之间的装配关系有哪些？
（提示：采用网络查询法、资料查询法、小组讨论法）</td></tr>
<tr><td colspan="5"></td></tr>
<tr><td colspan="5">3. 齿轮油泵的工作原理及用途有哪些？
（提示：采用网络查询法、资料查询法、小组讨论法）</td></tr>
<tr><td colspan="5"></td></tr>
<tr><td>完成任务总结
（工欲善其事，
必先利其器）</td><td colspan="5">1. 存在其他问题与解决方案

2. 收获与体会

3. 其他建议</td></tr>
</table>

工作任务 4.2　任务评价单

班级		学号		姓名		日期		成绩	
小组成员（姓名）									

职业能力评价	分值	自评（10%）	组长评价（20%）	教师综合评价（70%）
完成任务思路	5			
信息收集情况	5			
团队合作	10			
练习态度	10			
考勤	10			
讲演与答辩	35			
按时完成任务	15			
善于总结学习	10			
合计评分	100			

工作任务 4.3　确定标准件（键、销、垫圈）的规格

4.3.1　确定键的规格

键是标准件，常用的键有普通平键、半圆键和钩头楔键。而普通平键又有 A 型（圆头），B 型（方头）和 C 型（单圆头）3 种，具体标准号、形式及标记示例见课本。这里以使用最广的普通平键为例，介绍其测绘和确定规格的过程，见表 4-3-1。

表 4-3-1　确定键的规格

操作步骤	标注示例或说明	图示
先了解键连接的用途	键主要用于轴和轴上零件（如齿轮、带轮）间的连接，以传递扭矩。在被连接的轴上和轮毂孔中制出键槽，先将键嵌入轴上的键槽内，再将带键的轴装入轮毂孔中，这种连接称键连接	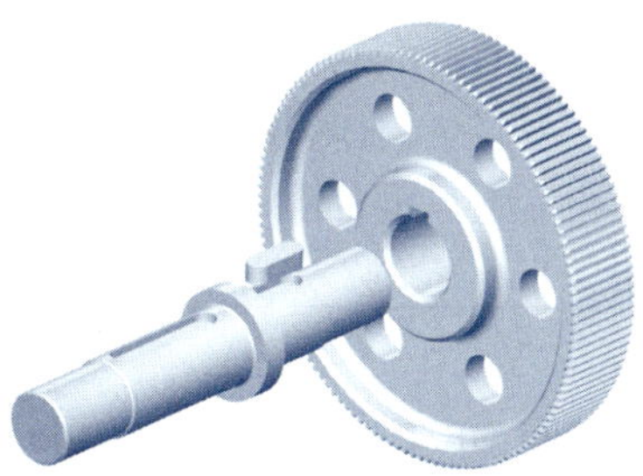
再了解普通平键连接的画法	普通平键的两侧面为工作面，因此连接时，平键的两侧面与轴和轮毂键槽侧面之间相互接触，没有间隙，只画一条线，而键与轮毂的键槽顶面之间是非工作面，不接触，应留有间隙，画两条线	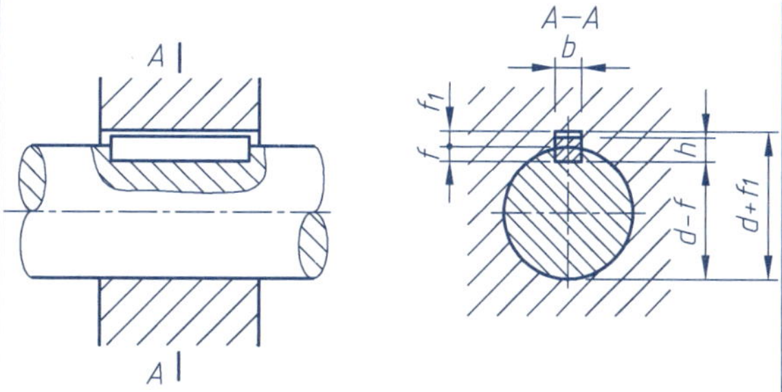
再了解普通平键的参数	键槽的宽度、深度和键的宽度、高度尺寸可根据被连接的轴径在标准中查得，键长和轴上的键槽长应根据轴宽在键的长度标准系列中选用	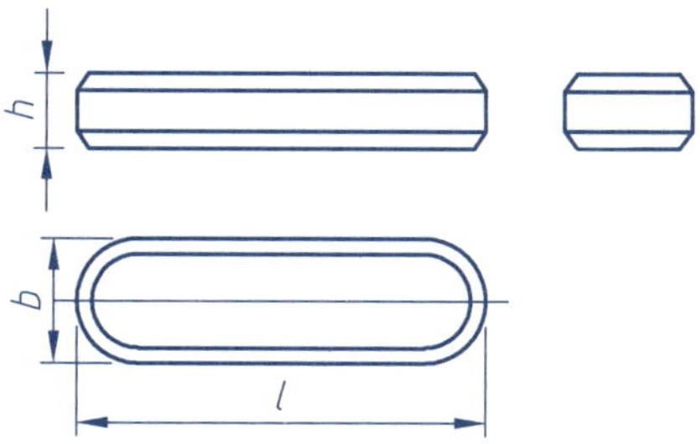
查表确定螺纹标准值		
通止规测量验证		

4.3.2　确定销的规格

销是标准件，可用来作为定位零件，用以确定零件间的相互位置；也可起连接作用，以传递横向力或转矩；或作为安全装置中的过载切断零件。销可以分为圆柱销、圆锥销和异形销等。圆柱销依靠少量过盈固定在孔中，对销孔的尺寸、形状、表面粗糙度等要求较高，销孔在装配前须铰削。通常被连接件的两孔应同时钻铰，孔壁的粗糙度不大于 *R*a0.6 μm。装配时，在销上涂上润滑油，用铜棒将销打入孔中。销的规格确定见表 4-3-2。

表 4-3-2　确定销的规格

操作步骤	标注示例或说明	图　示
先了解销的形式及标记	销 GB/T 119.1—2000　8×30 圆柱销，公称直径 d=8 mm，公称长度 l=30 mm	圆柱销 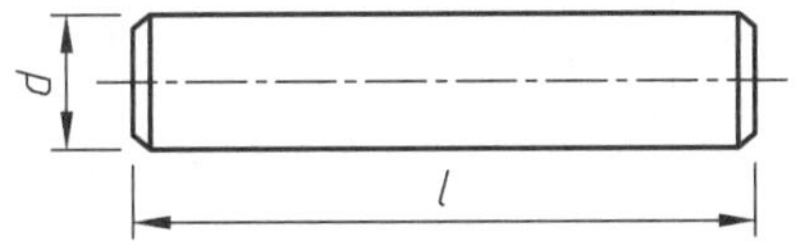
	销 GB/T 117—2000　5×60 圆锥销，公称直径 d=5 mm，公称长度 l=60 mm	圆锥销 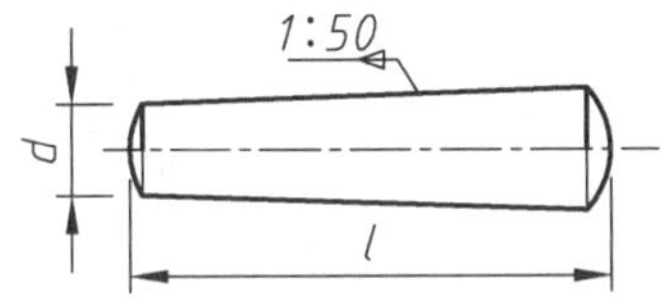
	销　GB/T 91—2000 5×50 开口销，公称规格为 d=5 mm，公称长度 l=50 mm	开口销 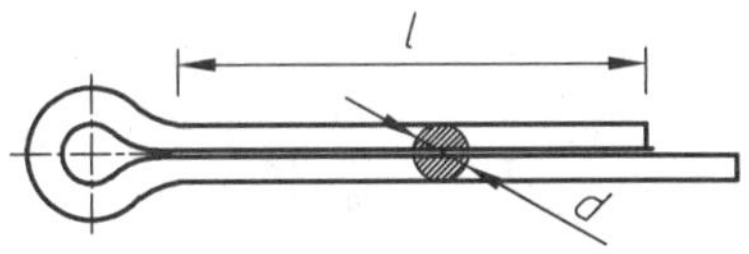
再了解销连接的画法	用销连接（或定位）的两零件上的孔一般是在被连接零件装配后同时加工的，因此在零件图上标注销孔尺寸时，应注明“配作”字样	圆柱销连接 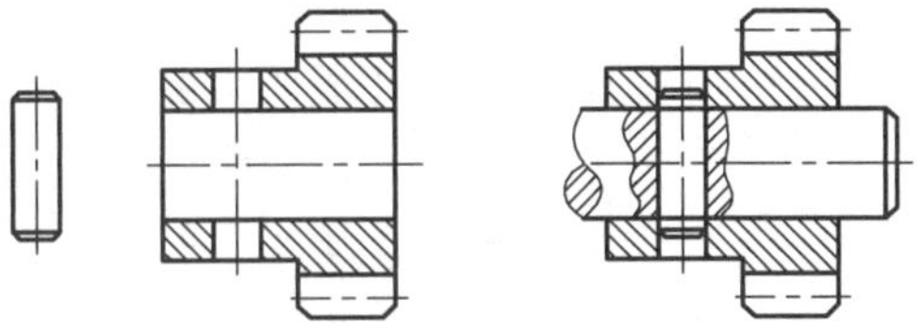
		圆锥销连接 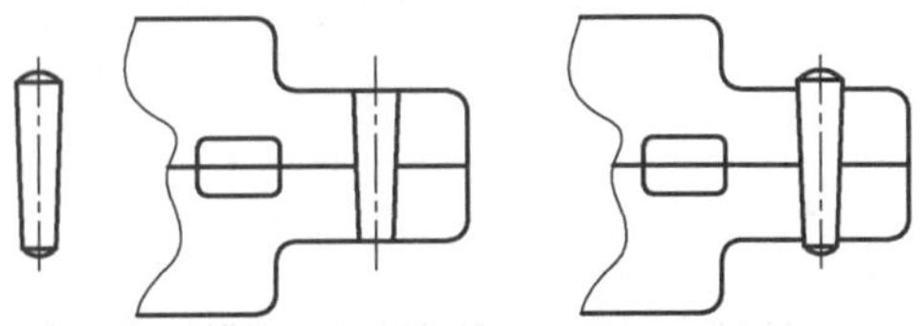

续表

操作步骤	标注示例或说明	图　示
测量销的直径	使用游标卡尺或外径千分尺测量销的直径并记录	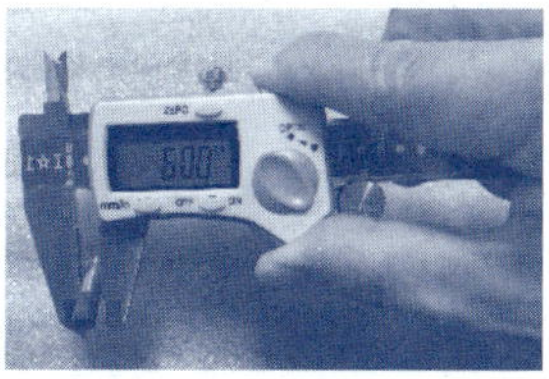
测量销的长度	使用游标卡尺测量销的总长并记录	
查表确定销的规格	根据初测量的销直径和总长，查机械设计手册确定销的规格	

4.3.3　确定垫圈的规格

垫圈是垫在被连接件与螺母之间的零件。一般为扁平形的金属环，用来保护被连接件的表面不受螺母擦伤，分散螺母对被连接件的压力，同时可起防松的作用。

垫圈分为：平垫圈-C 级、大垫圈-A 和 C 级、特大垫圈-C 级、小垫圈-A 级、平垫圈-A 级、平垫圈-倒角型-A 级、钢结构用高强度垫圈、球面垫圈、锥面垫圈、工字钢用方斜垫圈、槽钢用方斜垫圈、标准型弹簧垫圈、轻型弹簧垫圈、重型弹簧垫圈、内齿锁紧垫圈、内锯齿锁紧垫圈、外齿锁紧垫圈、外锯齿锁紧垫圈、单耳止动垫圈、双耳止动垫圈、外舌止动垫圈、圆螺母用止动垫圈等。常用的是平垫圈 A 级、平垫圈倒角型 A 级和弹簧垫圈。垫圈规格的确定见表 4-3-3。

表 4-3-3　确定垫圈规格

分类	标注示例或说明	图　例	备注
平垫圈	公称规格（螺纹大径为 8 mm），硬度等级为 200HV 级、不经表面处理、产品等级为 A 级的平垫圈。 标记：垫圈 GB/T97.1—8	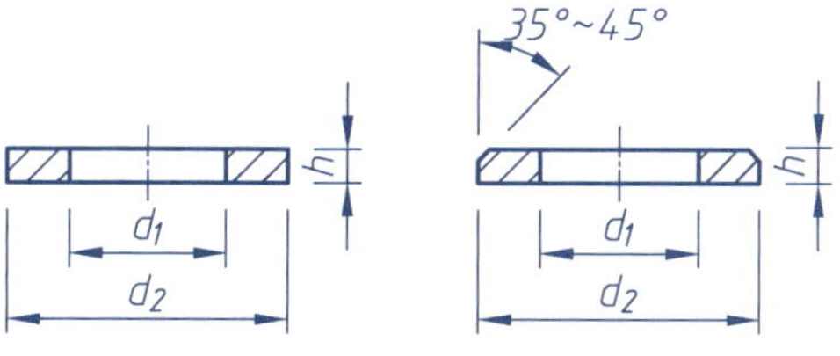	减少摩擦、防止泄漏、隔离、防止松脱或分散压力

续表

分类	标注示例或说明	图　例	备注
弹簧垫圈	公称规格 8，材料65Mn、表面氧化的标准型弹簧垫圈 标记：垫圈 GB/T93—8	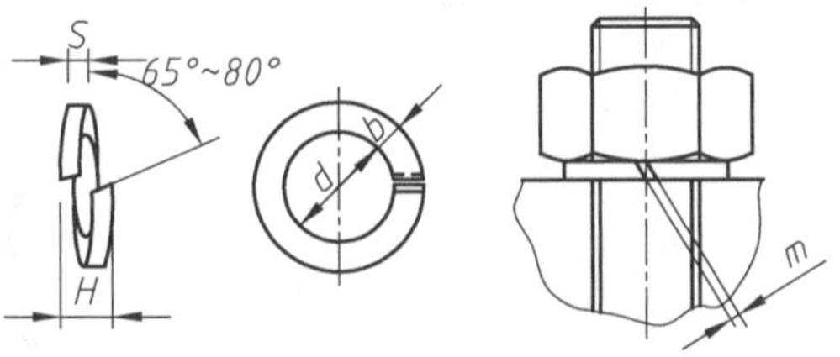	装置在螺母下面用来防止螺母松动

工作任务 4.3　任务学习单

<table>
<tr><td colspan="2">任务名称</td><td>项目编号</td><td>小组号</td><td>组长姓名</td><td>学生姓名</td></tr>
<tr><td colspan="2">确定标准件的规格</td><td></td><td></td><td></td><td></td></tr>
<tr><td rowspan="6">学生自主
任务实施</td><td colspan="5">1. 齿轮油泵的标准件有哪些？这些标准件的作用是什么？
（提示：采用网络查询法、资料查询法、小组讨论法）</td></tr>
<tr><td colspan="5"></td></tr>
<tr><td colspan="5">2. 平键和销的连接画法有哪些？
（提示：采用网络查询法、资料查询法、小组讨论法）</td></tr>
<tr><td colspan="5"></td></tr>
<tr><td colspan="5">3. 平键、销和垫圈的规格主要有哪些？
（提示：采用网络查询法、资料查询法、小组讨论法）</td></tr>
<tr><td colspan="5"></td></tr>
<tr><td>完成任务总结
（工欲善其事，
必先利其器）</td><td colspan="5">1. 存在其他问题与解决方案

2. 收获与体会

3. 其他建议</td></tr>
</table>

工作任务 4.3　任务评价单

班级		学号		姓名		日期		成绩	
小组成员（姓名）									

职业能力评价	分值	自评（10%）	组长评价（20%）	教师综合评价（70%）
完成任务思路	5			
信息收集情况	5			
团队合作	10			
练习态度	10			
考勤	10			
讲演与答辩	35			
按时完成任务	15			
善于总结学习	10			
合计评分	100			

工作任务 4.4　画零件草图

零件草图是绘制部件装配图和零件工作图的重要依据，必须认真、仔细对待。部件中的标准件不必画零件草图，只要测得几个主要尺寸，从相应的标准中查出规定标记即可。除标准件以外的全部专用件（非标件）都必须画出草图。下面以齿轮油泵的传动齿轮轴及右端盖为例，说明绘制草图和标注尺寸的过程。

4.4.1　画零件的视图

1. 传动齿轮轴

传动齿轮轴实物如图 4-4-1 所示，根据实物图绘制的草图如图 4-4-2 所示。

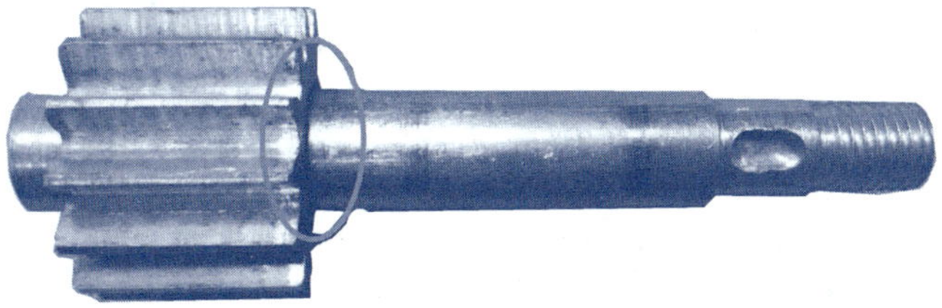

图 4-4-1　传动齿轮轴实物图

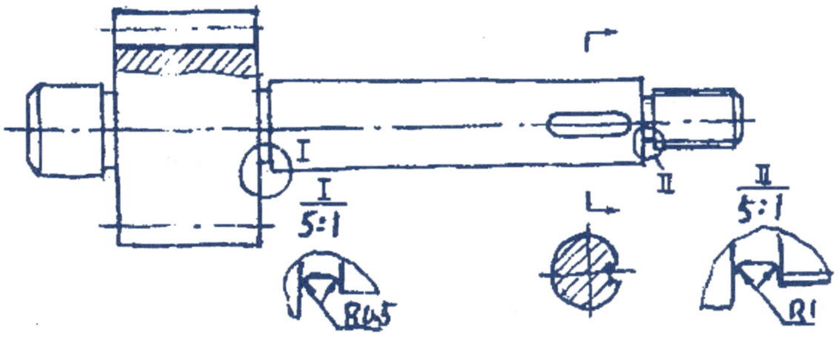

图 4-4-2　传动齿轮轴草图

（1）结构分析

传动齿轮轴的结构比较简单，各部分均为同轴线的回转体。齿轮轴的左端与左端盖的盲孔装配在一起，右端有键槽，通过键与传动齿轮连接，再由垫圈和螺母紧固。齿轮部分的两端有砂轮越程槽，螺纹端有退刀槽。注意：图 4-4-1 所示的实物测绘件为教学模型，其制作流程与实际产品的生产工艺可能不一致，比如有些传动齿轮轴的齿轮与传动轴是通过过盈配合装配而成的，因此砂轮越程槽并不存在（图中所圈位置）。

（2）表达分析

如图 4-4-2 所示，草图主视图取轴线水平放置，键槽朝前，以表示键槽的形状；键槽的深度采用移出断面图表达；两个局部放大图分别表示越程槽和退刀槽的形状与大小。

2. 右端盖

（1）结构分析

右端盖上部有传动齿轮轴穿过，下部有从动齿轮轴轴颈的支承孔，在右部凸缘的外圆柱面上有外螺纹，用压紧螺母通过轴套将密封圈压紧在轴的四周。右端盖的外形为长圆形，沿周围分布有六个具有沉孔的螺钉孔和两个圆柱销孔。

（2）表达分析

如图 4-4-3 所示，右端盖草图主视图的投影方向按其工作位置确定，并用一组相交的剖切平面对主视图作全剖视。主视图上未能表达右端盖的端面形状和连接板上孔的分布情况，可选择左视图或右视图来表达。选右视图的优点是避免了虚线，若选左视图，长圆形凸缘的投影轮廓虽为虚线，却可省略许多没有必要画出的圆，而使绘图简便。

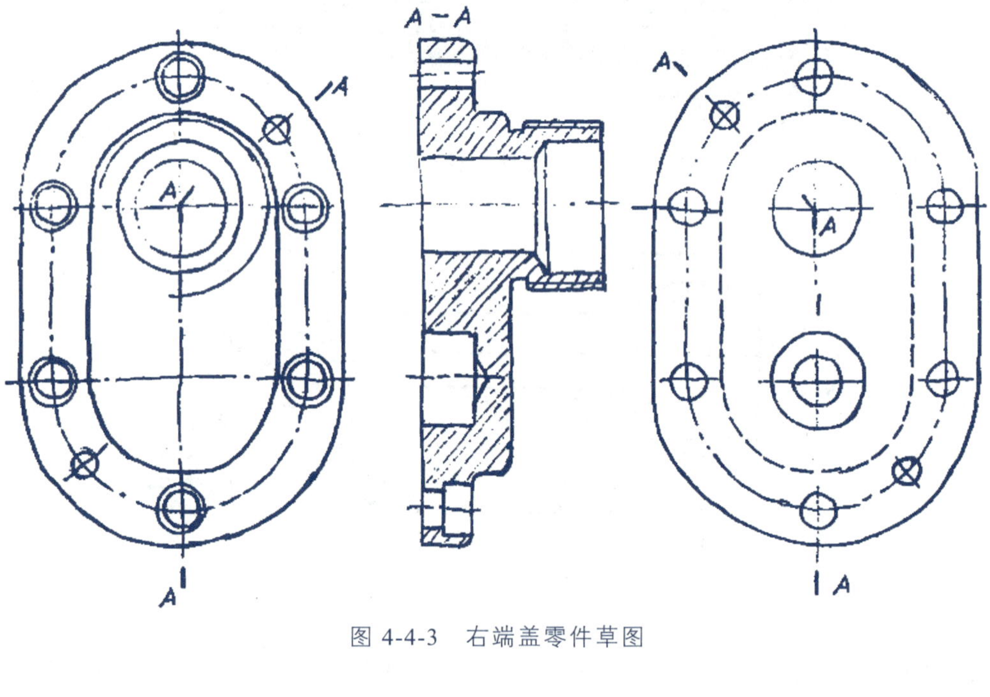

图 4-4-3　右端盖零件草图

4.4.2　标注尺寸

零件草图画好以后，按零件形状并考虑加工程序，确定尺寸基准，画出全部尺寸的尺寸界线、尺寸线和箭头。然后按尺寸线在零件上量取所需的尺寸，填写尺寸数值。注意：标注尺寸时，应在零件草图上用形体分析法或面形分析法将尺寸线全部画出并检查有无遗漏或是否合理以后，再用测量工具一次性将所需尺寸量好并填写数值，切记不可边画尺寸线，边量尺寸。下面仍以传动齿轮轴及右端盖为例分析尺寸注法。为便于叙述，已将部分尺寸数值填入。

1. 传动齿轮轴

（1）选择基准

合理地选择尺寸基准，是标注尺寸时首先要考虑的重要问题，标注尺寸时应尽可能使设计基准与工艺基准统一，做到既符合设计要求，又满足工艺要求。但实际上往往不能兼顾设计和工艺要求，此时必须对零件各部分结构的尺寸进行分析，明确哪些是重要尺寸，哪些是非重要尺寸。重要尺寸应从设计基准出发标注，直接反映设计要求，如图 4-4-4 中的尺寸 26f7。非重要尺寸应考虑加工测量方便，以加工顺序为依据，由工艺测量基准出发标注尺寸，以直接反映工艺要求，如图 4-4-4 中的尺寸 12、30、18 等。

（2）标注尺寸

长度方向（轴向）以齿轮的左端面（此端面时确定齿轮轴在油泵中轴向位置的重要端面）为主要尺寸（设计）基准，注出重要尺寸 25f7；长度方向辅助基准Ⅰ是轴的左端面，注出总长 112 和主要基准与辅助基准之间的联系尺寸 12；长度方向的辅助基准Ⅱ是轴的右端面，注出尺寸 30，再以辅助基准Ⅲ注出键槽的定位尺寸 2 和轴段长度 18，ϕ16 轴段为长度方向链的开口环，空出不注明尺寸；以水平位置的轴线作为径向（高度和宽度）尺寸基准，由此注出各轴段以及齿轮顶圆和分度圆直径。

齿轮图样中尚需按 GB/T6443 规定，在图幅左上角给出参数表。由于油泵中两齿轮的齿数过少，制齿时，齿轮刀具会过多地挖切轮齿根部，造成严重根切。为避免这一现象，传动齿轮轴和齿轮轴上的齿轮采用了变位齿轮。故齿轮参数表中给出了“径向变位系数 x”，并增大了中心距 a 和齿顶高系数 h_a*。参数表中的这些数值可供测绘时参照采用。

考虑到油泵的圆周速度一般比较高，故齿轮精度需选用较高的 6 级精度，并在参数表中注写为“6 GB/T10095.1”。

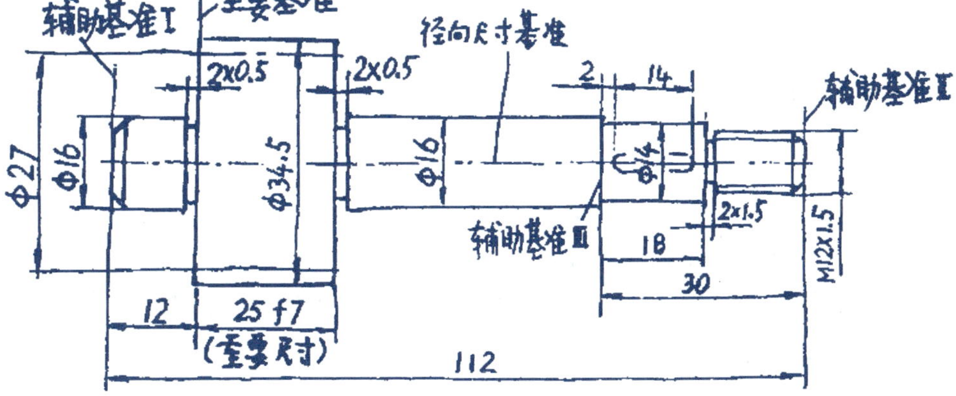

图 4-4-4　传动齿轮轴标注尺寸

2. 右端盖

右端盖的尺寸标注如图 4-4-5 所示，以左端面为长度方向的主要尺寸基准，注出右端盖的厚度 10 和凸缘的厚度 18，以及盲孔深度 13。右端盖的右端面的长度方向的辅助基准（其联系尺寸为总长尺寸 34），注出沉孔深度尺寸 14（注意：尺寸 14 左端的锥坑是钻 $\phi20$ 孔时形成的，不注角度与深度），外螺纹长度尺寸 15（含退刀槽长度尺寸 3）。宽度方向以铅垂的对称中心线为主要尺寸基准，注出外形尺寸 $R30$，螺钉孔、销孔的定位尺寸 $R23$（与泵体尺寸一致）以及凸缘宽度尺寸 34。6 个沉孔尺寸 $\dfrac{6\times\phi6.6}{\phi11\quad 6.8}$，由附表 15 查得。高度方向以右端盖上部通孔的轴线为主要尺寸基准，由此注出盲孔 $\phi16$ 的定位尺寸 28.76 ± 0.02，此尺寸属于经计算所得的重要尺寸，不应圆整为整数，$\phi16$ 孔是基准孔，其尺寸、形状、位置及表面粗糙度要求都比较高，故采用先钻后铰的机械加工方法。

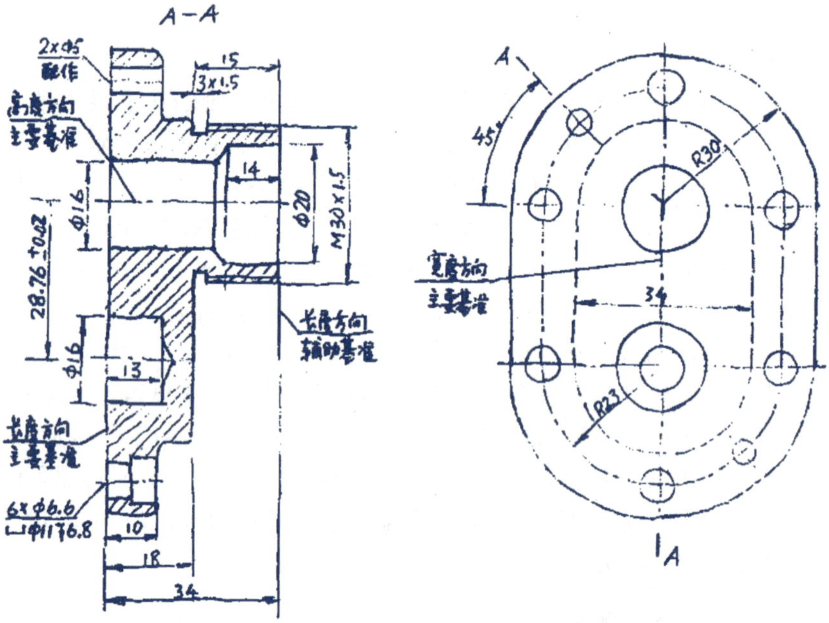

图 4-4-5　右端盖标注尺寸

4.4.3　初定材料和技术要求

1. 初定材料

齿轮油泵中的泵体和左、右端盖都是铸件，一般选用中等强度的灰铸铁（人工时效处理），如 HT200；齿轮轴选用碳素结构钢（整体调质后，齿面高频淬火处理），如 45 钢；承受摩擦的轴套可选用铸造铜合金，如 ZCuSn5Pb5Zn5（铸造锡青铜）。

2. 表面粗糙度的确定

测绘时，对零件表面粗糙度的确定及其方法见项目二的工作任务 2.6。齿轮油泵中的一堆啮合齿轮在泵体中高速旋转，齿轮齿顶圆的表面和泵体齿轮孔的内表面都有较高的表面粗糙度要求，可选用 *R*a6.3。螺孔表面粗糙度可选用 *R*a6.3，泵体与左、右端盖的结合面（中间有垫片）则选用 *R*a3.2。

3. **配合要求**

齿轮油泵各零件间有配合要求的共有七处（根据实测数值参照附表 13-15 确定）：

一对啮合齿轮与泵体齿轮孔采用基孔制间隙配合（ϕ34.5H8/f7）。

齿轮轴与左、右端盖支承孔采用基孔制间隙配合（ϕ16H7/h6）。

传动齿轮轴与传动齿轮孔（用键连接）采用基孔制过渡配合（ϕ14H7/k6）。

工作任务 4.4　任务学习单

<table>
<tr><td>任务名称</td><td>项目编号</td><td>小组号</td><td>组长姓名</td><td>学生姓名</td></tr>
<tr><td>画零件草图</td><td></td><td></td><td></td><td></td></tr>
<tr><td rowspan="6">学生自主
任务实施</td><td colspan="4">1. 简要分析齿轮油泵的传动齿轮轴。
（提示：采用网络查询法、资料查询法、小组讨论法）</td></tr>
<tr><td colspan="4"></td></tr>
<tr><td colspan="4">2. 简要分析齿轮油泵的传动齿轮轴。
（提示：采用网络查询法、资料查询法、小组讨论法）</td></tr>
<tr><td colspan="4"></td></tr>
<tr><td colspan="4">3. 标注尺寸需要注意哪些问题？
（提示：采用网络查询法、资料查询法、小组讨论法）</td></tr>
<tr><td colspan="4"></td></tr>
<tr><td>完成任务总结
（工欲善其事，
必先利其器）</td><td colspan="4">1. 存在其他问题与解决方案

2. 收获与体会

3. 其他建议</td></tr>
</table>

工作任务 4.4　任务评价单

<table>
<tr><td>班级</td><td></td><td>学号</td><td></td><td>姓名</td><td></td><td>日期</td><td></td><td>成绩</td><td></td></tr>
<tr><td>小组成员
（姓名）</td><td colspan="9"></td></tr>
<tr><td>职业能力评价</td><td>分值</td><td colspan="3">自评（10%）</td><td colspan="3">组长评价（20%）</td><td colspan="2">教师综合评价（70%）</td></tr>
<tr><td>完成任务思路</td><td>5</td><td colspan="3"></td><td colspan="3"></td><td colspan="2"></td></tr>
<tr><td>信息收集情况</td><td>5</td><td colspan="3"></td><td colspan="3"></td><td colspan="2"></td></tr>
<tr><td>团队合作</td><td>10</td><td colspan="3"></td><td colspan="3"></td><td colspan="2"></td></tr>
<tr><td>练习态度</td><td>10</td><td colspan="3"></td><td colspan="3"></td><td colspan="2"></td></tr>
<tr><td>考勤</td><td>10</td><td colspan="3"></td><td colspan="3"></td><td colspan="2"></td></tr>
<tr><td>讲演与答辩</td><td>35</td><td colspan="3"></td><td colspan="3"></td><td colspan="2"></td></tr>
<tr><td>按时完成任务</td><td>15</td><td colspan="3"></td><td colspan="3"></td><td colspan="2"></td></tr>
<tr><td>善于总结学习</td><td>10</td><td colspan="3"></td><td colspan="3"></td><td colspan="2"></td></tr>
<tr><td>合计评分</td><td>100</td><td colspan="3"></td><td colspan="3"></td><td colspan="2"></td></tr>
</table>

工作任务 4.5 绘制齿轮油泵装配图

根据装配示意图和零件草图绘制装配图，画装配图的方法和步骤见本项目工作任务 4.2。

4.5.1 齿轮油泵装配图的表达方案

假想通过泵轴轴线的正平面将齿轮油泵剖开，选择由前向后的主视图投射方向，画出全剖视图，反映油泵的主要装配关系，也符合油泵的正常工作位置。再通过半剖的左视图，既反映了油泵的工作原理，又表达了端盖和泵体的外形，连接螺钉、定位销以及泵体下部安装孔的位置。

4.5.2 画装配图步骤

画装配图的步骤如图 4-5-1 所示。

（1）画各视图的主要轴线、中心线和图形定位基线，如图 4-5-1（a）所示。

（2）由主视图入手配合其他视图，按装配干线，从传动齿轮轴开始，由里向外逐个画出齿轮轴、泵体、泵盖、垫片、密封圈、轴套、压紧螺母、键、传动齿轮等，如图 4-5-1（b）~（d）所示；或从泵体开始由外向里逐个画出主动齿轮轴、从动齿轮轴等，完成装配图的底稿。

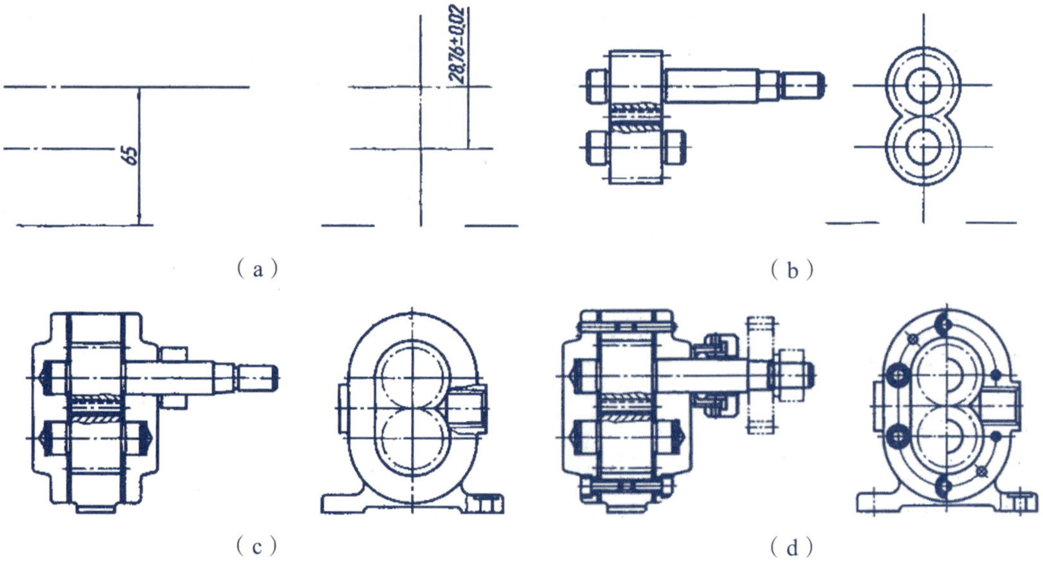

图 4-5-1 齿轮油泵装配图画图步骤

（3）校核底稿，擦去多余的作图线，描深，画剖面线、尺寸界线、尺寸线和箭头。

（4）编注零件序号，注写尺寸数字，填写标题栏、明细栏和技术要求，最后完成装配图，如图 4-5-2 所示。

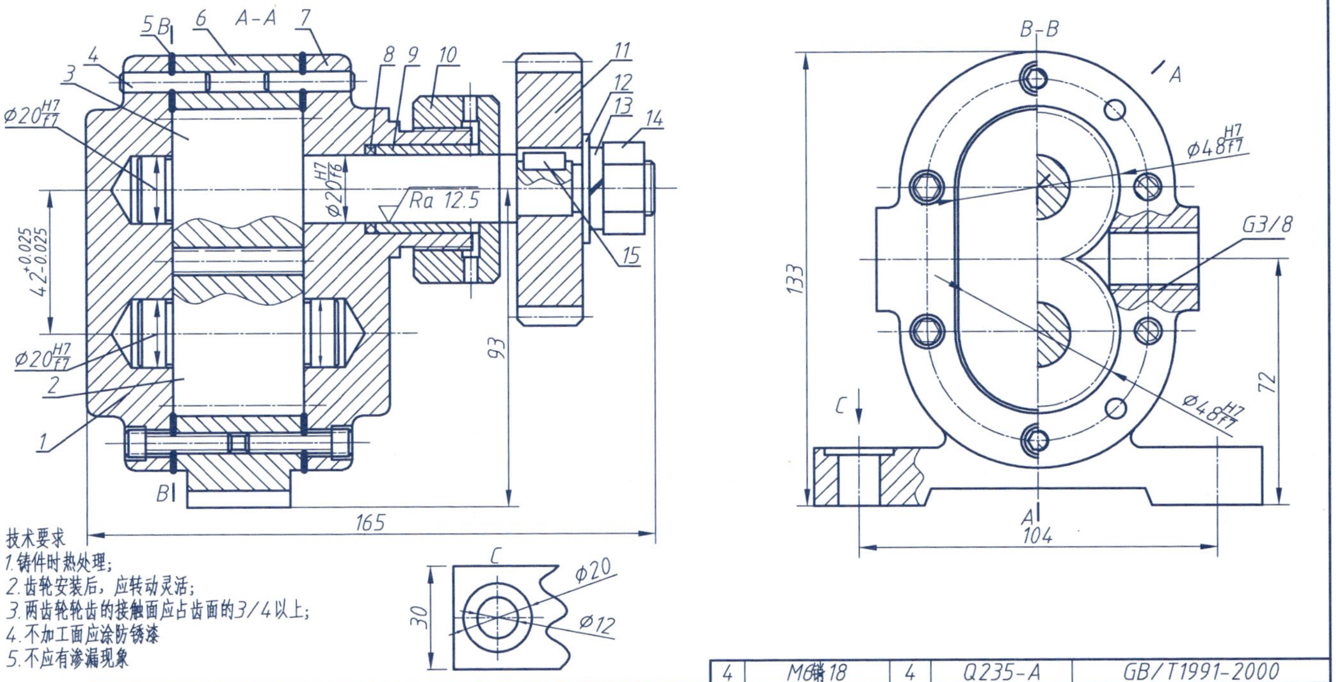

技术要求
1.铸件时热处理；
2.齿轮安装后，应转动灵活；
3.两齿轮轮齿的接触面应占齿面的3/4以上；
4.不加工面应涂防锈漆
5.不应有渗漏现象

序号	零件名称	数量	材料	规格及标准代号
16	螺钉	1	35	GB/T5783-2000
15	键	1	45	GB/T1095-2003
14	螺母M16	1	Q235	GB/T6170-2000
13	弹簧垫圈	1	65Mn	GB/T9324-1987
12	垫圈	1	65Mn	GB/T9324-1987
11	传动齿轮	1	45	m=2.5,z=30
10	压紧螺母	1	Q235-A	
9	压紧套	1	ZCuSn5-5-5	
8	填料	1	橡胶	
7	右端盖	1	HT200	
6	泵体	1	HT200	
5	垫片	2	压纸板	
4	M6×18	4	Q235-A	GB/T1991-2000
3	主动齿轮	1	45	m=3,z=14
2	从动齿轮轴	1	45	m=3,z=14
1	左端盖	1	HT200	

标志	处数	分区	更改文件号	签名	年月日				XXXX职业技术学院
设计			标准化			阶段标志	重量	比例	齿轮油泵装配图
审核									（图样代号）
工艺			批准			共 张 第 张			（投影符号）

图 4-5-2 齿轮油泵装配图

工作任务 4.5　任务学习单

<table>
<tr><td>任务名称</td><td>项目编号</td><td>小组号</td><td>组长姓名</td><td>学生姓名</td></tr>
<tr><td>绘制齿轮油泵装配图</td><td></td><td></td><td></td><td></td></tr>
<tr><td rowspan="6">学生自主
任务实施</td><td colspan="4">1. 简要写出画齿轮油泵装配图步骤。
（提示：采用网络查询法、资料查询法、小组讨论法）</td></tr>
<tr><td colspan="4"></td></tr>
<tr><td colspan="4">2. 齿轮油泵的形位公差有哪些？
（提示：采用网络查询法、资料查询法、小组讨论法）</td></tr>
<tr><td colspan="4"></td></tr>
<tr><td colspan="4">3. 绘制齿轮油泵需要哪些技术要求？
（提示：采用网络查询法、资料查询法、小组讨论法）</td></tr>
<tr><td colspan="4"></td></tr>
<tr><td>完成任务总结
（工欲善其事，
必先利其器）</td><td colspan="4">1. 存在其他问题与解决方案

2. 收获与体会

3. 其他建议</td></tr>
</table>

工作任务 4.5　任务评价单

班级		学号		姓名		日期		成绩	
小组成员（姓名）									

职业能力评价	分值	自评（10%）	组长评价（20%）	教师综合评价（70%）
完成任务思路	5			
信息收集情况	5			
团队合作	10			
练习态度	10			
考勤	10			
讲演与答辩	35			
按时完成任务	15			
善于总结学习	10			
合计评分	100			

工作任务 4.6　右泵盖三维建模

步骤 1　选择命令。选择下拉菜单“文件（F）”→“新建（N）...”（或“Ctrl+N”）命令，系统弹出如图 4-6-1 所示的“新建 Solidworks 文件”对话框。

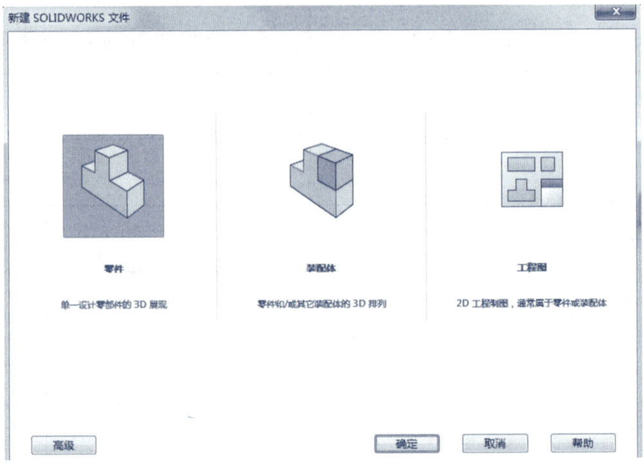

图 4-6-1　“新建 Solidworks 文件”对话框

步骤 2　在对话框中选择“零件”，单击“确定”按钮，进入零件三维建模环境。

步骤 3　建模基板。单击“拉伸凸台/基体”按钮 拉伸凸台/基体，选择“前视基准面”，进入草图绘制界面。接着绘制如图 4-6-2（a）所示两端半圆形草图并确保草图处于完全定义状态（即所有图线均变成黑色）。绘制完成后单击按钮，退出草图绘制环境并随即进入“凸台-拉伸”对话框，输入深度值“9”，单击退出，完成基板的拉伸建模，如图 4-6-2（b）所示。

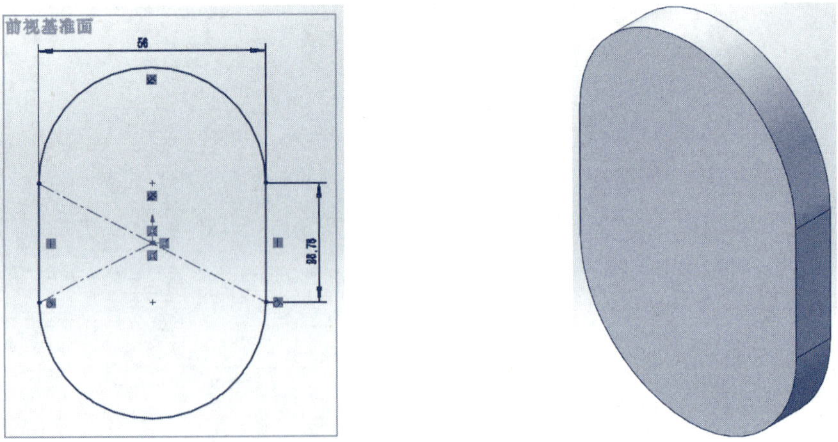

（a）　　（b）

图 4-6-2　创建基板

步骤 4 创建凸台。再次单击“拉伸凸台/基体”按钮，选择前一步骤创建完成的机体任一侧面作为草绘平面，进入草图绘制的界面。接着绘制如图 4-6-3（a）所示两端半圆形草图并确保草图处于完全定义状态（即所有图线均变成黑色）。绘制完成后单击按钮，退出草图绘制环境并随即进入“凸台-拉伸”对话框，输入深度值“10”，单击退出，完成凸台的拉伸建模，如图 4-6-3（b）所示。

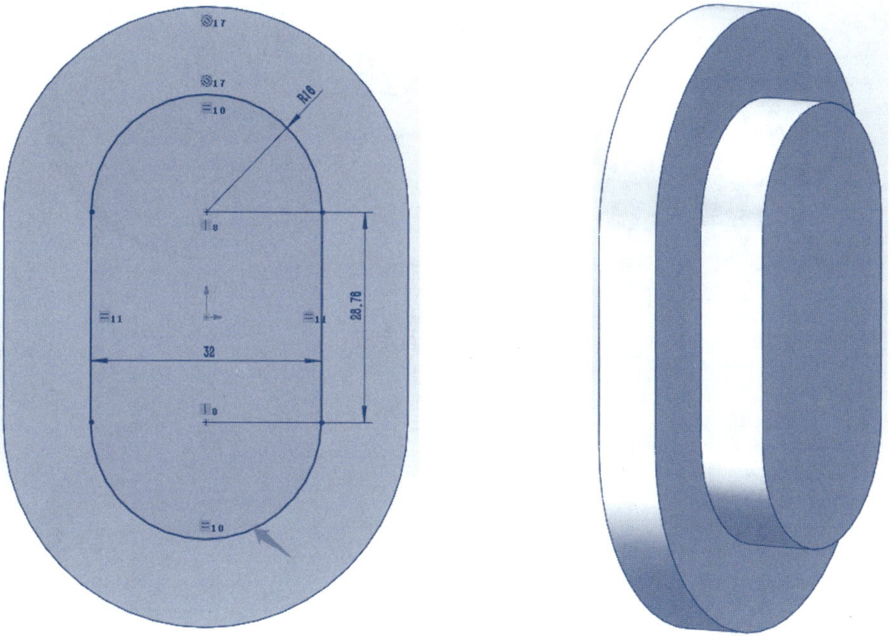

（a）　　　　（b）

图 4-6-3　创建凸台

步骤 5 创建固定孔。单击“旋转切除”按钮，选择“右视基准面”作为草绘平面，进入草图绘制的界面。以圆弧轴线为基准绘制一条旋转中心线，然后绘制如图 4-6-4（a）所示的固定孔截面图，标注尺寸和约束草图使之处于完全定义状态。绘制完成后单击按钮，退出草图绘制环境并随即进入“切除-旋转”对话框，所有参数默认设置，单击退出，完成其中一个固定孔的建模。然后以“上视基准面”为镜像平面，镜像得到另一固定孔，如图 4-6-4（b）所示。

步骤 6 创建沉孔。单击“旋转切除”按钮，选择“右视基准面”作为草绘平面，进入草图绘制的界面。距离上固定孔轴线 22 的位置绘制一条旋转中心线，然后绘制如图 4-6-5（a）所示的沉孔截面图，标注尺寸和约束草图使之处于完全定义状态。绘制完成后单击按钮，退出草图绘制环境并随即进入“切除-旋转”对话框，所有参数默认设置，单击退出，完成其中一个沉孔的建模，如图 4-6-5（b）所示。

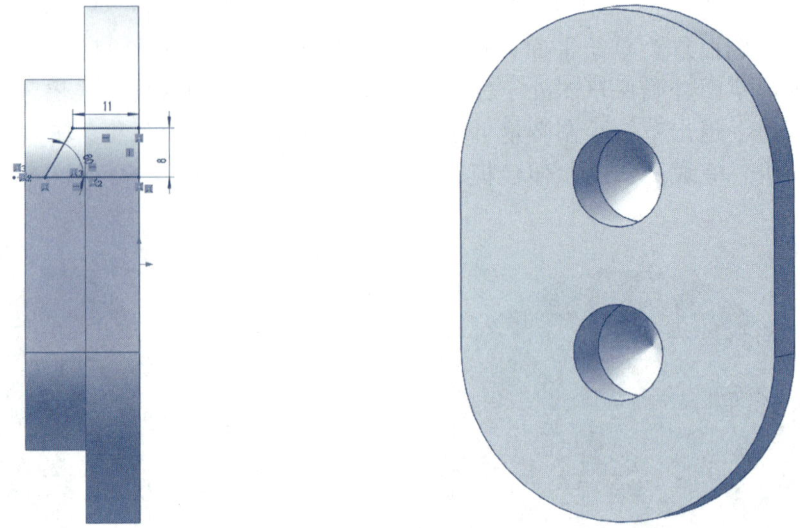

（a）　　　　　　　　　　　　（b）

图 4-6-4　创建固定孔

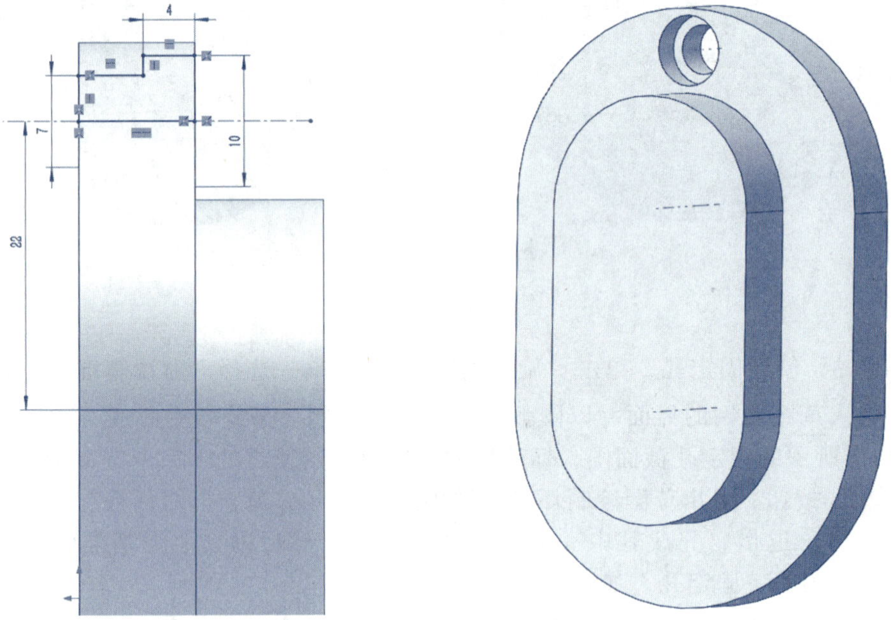

（a）　　　　　　　　　　　　（b）

图 4-6-5　创建沉孔

通过左侧零件树选择刚刚创建得到的沉孔特征“切除-旋转 1”，点击“圆周阵列”按钮 圆周阵列，选择上半圆弧轴线作为圆周阵列的基准轴，角度为 90，数量为 4，点击“可跳过的实例”选择框，如图 4-6-6（a）所示，鼠标点选最下面那个沉孔预览图，如图 4-6-6（b）所示，点击✓完成圆周阵列的操作，如图 4-6-6（c）所示。

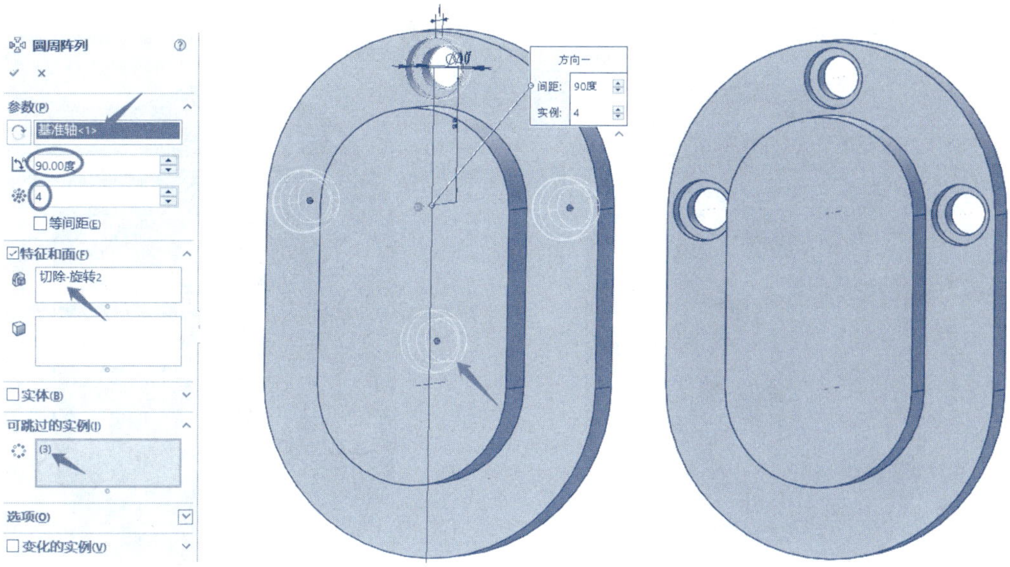

（a）　　　　　　　　（b）　　　　　　　　（c）

图 4-6-6　圆周阵列沉孔

根据零件对称的特点，通过镜像即可得到下半 3 个沉孔，如图 4-6-7 所示。

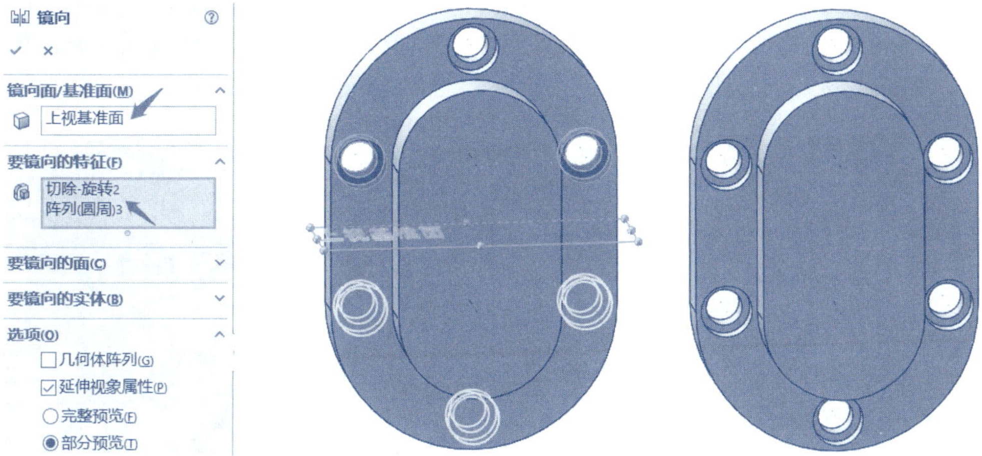

（a）　　　　　　　　（b）　　　　　　　　（c）

图 4-6-7　镜像得到另一半沉孔

步骤 7　创建销孔。单击“拉伸切除”按钮，选择泵盖端面作为草绘平面，进入草图绘制的界面。绘制如图 4-6-8（a）所示的 2 个 $\phi5$ 的圆，标注尺寸和约束草图使之处于完全定义状态。绘制完成后单击按钮，退出草图绘制环境并随即进入“拉伸-

切除”对话框，“方向”框选“完全贯穿”，所有参数默认设置，单击✔退出，完成其中一个固定孔的建模。然后以“上视基准面”为镜像平面，镜像得到另一固定孔，如图 4-6-8（b）所示。

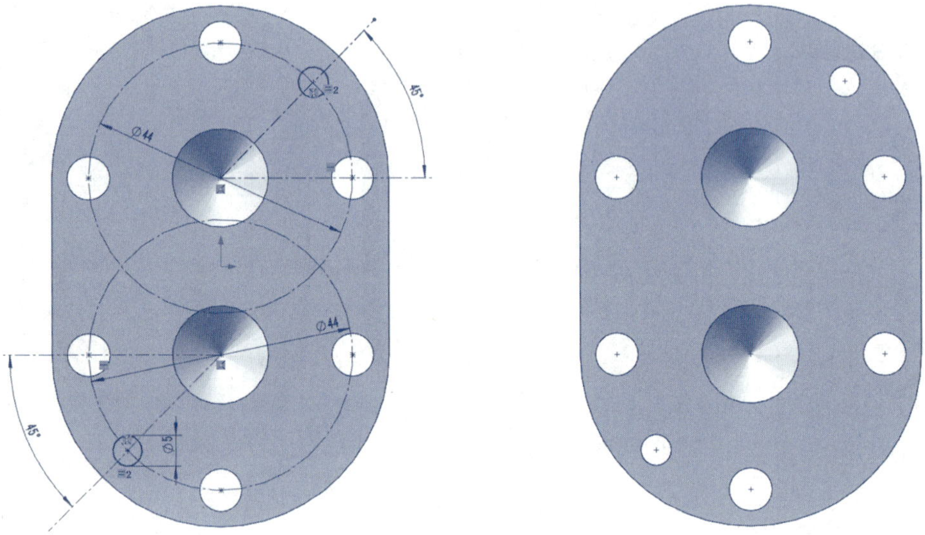

（a）　　　　（b）

图 4-6-8　创建销孔

步骤 8　创建圆角特征。分别设置泵盖外表面所有边缘的圆角为 $R1$[见图 4-6-9（a）所示]和 6 个沉孔边缘的圆角为 $R0.3$[见图 4-6-9（b）所示]，到此即完成左泵盖的三维建模，如图 4-6-9（c）所示。

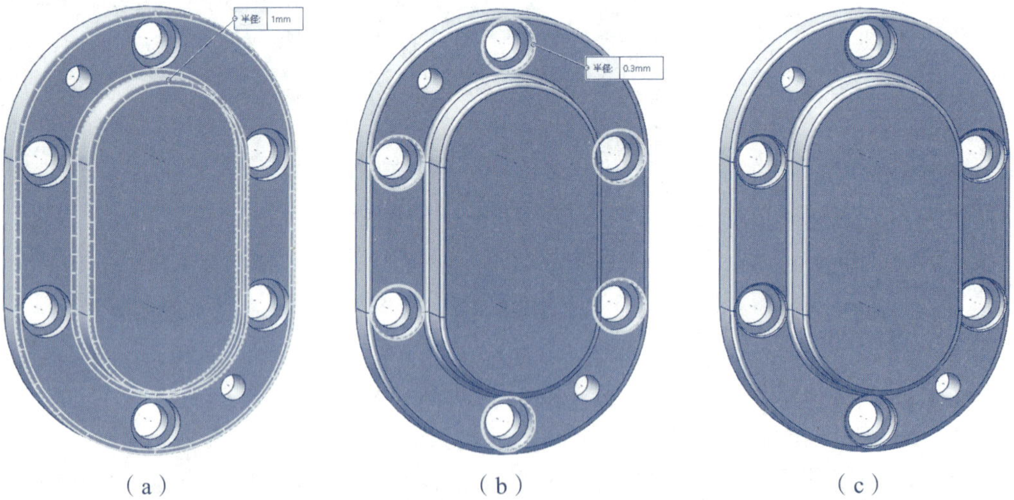

（a）　　　　（b）　　　　（c）

图 4-6-9　创建圆角特征及完成三维建模的左泵盖

工作任务 4.6 任务学习单

<table>
<tr><td>任务名称</td><td>项目编号</td><td>小组号</td><td>组长姓名</td><td>学生姓名</td></tr>
<tr><td>右泵盖三维建模</td><td></td><td></td><td></td><td></td></tr>
<tr><td rowspan="6">学生自主
任务实施</td><td colspan="4">1. 简要写出齿轮油泵的右端盖的建模思路。
（提示：采用网络查询法、资料查询法、小组讨论法）</td></tr>
<tr><td colspan="4"></td></tr>
<tr><td colspan="4">2. 齿轮油泵的右端盖有哪些类型的孔？
（提示：采用网络查询法、资料查询法、小组讨论法）</td></tr>
<tr><td colspan="4"></td></tr>
<tr><td colspan="4">3. 齿轮油泵的右端盖有哪些技术要求？
（提示：采用网络查询法、资料查询法、小组讨论法）</td></tr>
<tr><td colspan="4"></td></tr>
<tr><td>完成任务总结
（工欲善其事，
必先利其器）</td><td colspan="4">1. 存在其他问题与解决方案

2. 收获与体会

3. 其他建议</td></tr>
</table>

工作任务 4.6　任务评价单

<table>
<tr><td>班级</td><td></td><td>学号</td><td></td><td colspan="2">姓名</td><td></td><td>日期</td><td colspan="2"></td><td>成绩</td><td></td></tr>
<tr><td>小组成员
（姓名）</td><td colspan="11"></td></tr>
<tr><td>职业能力评价</td><td>分值</td><td colspan="3">自评（10%）</td><td colspan="4">组长评价（20%）</td><td colspan="3">教师综合评价（70%）</td></tr>
<tr><td>完成任务思路</td><td>5</td><td colspan="3"></td><td colspan="4"></td><td colspan="3"></td></tr>
<tr><td>信息收集情况</td><td>5</td><td colspan="3"></td><td colspan="4"></td><td colspan="3"></td></tr>
<tr><td>团队合作</td><td>10</td><td colspan="3"></td><td colspan="4"></td><td colspan="3"></td></tr>
<tr><td>练习态度</td><td>10</td><td colspan="3"></td><td colspan="4"></td><td colspan="3"></td></tr>
<tr><td>考勤</td><td>10</td><td colspan="3"></td><td colspan="4"></td><td colspan="3"></td></tr>
<tr><td>讲演与答辩</td><td>35</td><td colspan="3"></td><td colspan="4"></td><td colspan="3"></td></tr>
<tr><td>按时完成任务</td><td>15</td><td colspan="3"></td><td colspan="4"></td><td colspan="3"></td></tr>
<tr><td>善于总结学习</td><td>10</td><td colspan="3"></td><td colspan="4"></td><td colspan="3"></td></tr>
<tr><td>合计评分</td><td>100</td><td colspan="3"></td><td colspan="4"></td><td colspan="3"></td></tr>
</table>

工作任务 4.7　右泵盖工程图出图

在 Solidworks 软件中创建了零件的三维模型后，即可利用该三维模型来创建工程图样。步骤如下：

步骤 1　创建视图。

根据泵盖零件的特点，需要创建 3 个视图：标准视图、剖视图和旋转剖视图。其中，旋转剖视图的创建是难点也是重点，应领会其设计思路。在工程图创建完成后，可对视图进行适当的调整，如执行对齐视图和隐藏视图边线等操作，以符合制图规范。

（1）选择合适的图纸。单击“文件”→“新建”命令，弹出“新建 Solidworks 文件”对话框，如图 4-7-1（a）所示。单击“工程图”按钮，再单击“高级”按钮，弹出“模板”对话框，如图 4-7-1（b）所示。选择“A3（GB）”，单击“确定”按钮。

（a）“新建 Solidworks”对话框

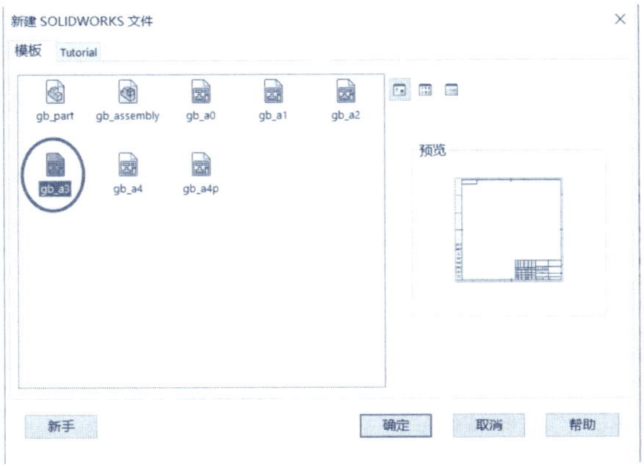

（b）“模板”对话框

图 4-7-1　新建工程图

（2）创建标准视图。图纸设置完成后，系统自动打开“模型视图”对话框，如图

4-7-2（a）所示。单击“浏览”按钮，选择上一项目完成建模的“左泵盖.sldprt”，其他选项默认，如图 4-7-2（b）所示。在绘图区中单击鼠标左键，完成标准视图的创建，如图 4-7-2（c）所示。

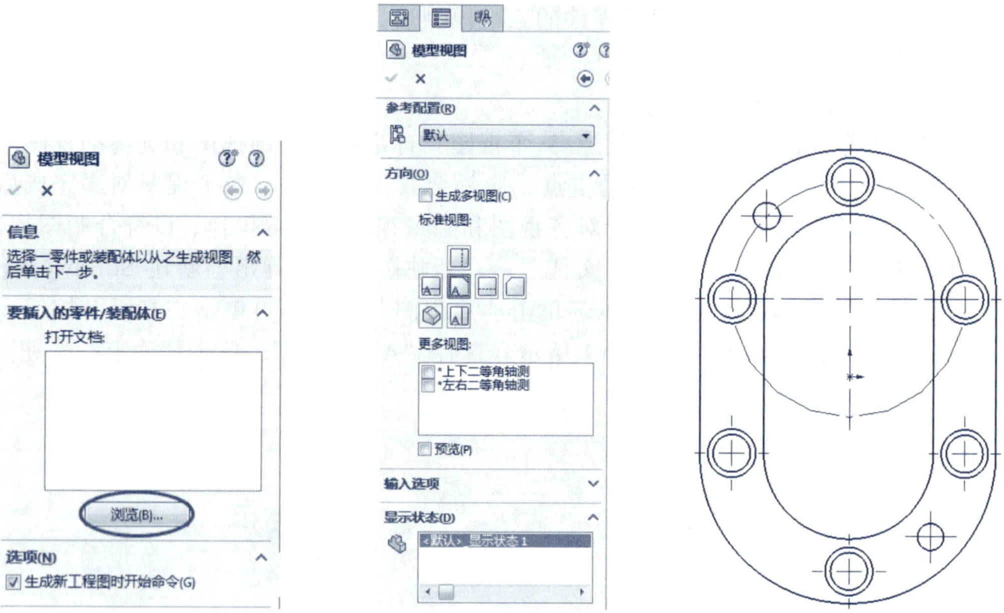

（a）“模型视图”对话框　　（b）“工程图视图 1”对话框　　（c）创建标准视图

图 4-7-2　创建标准视图操作

（3）隐藏视图切边。用鼠标右键单击视图中不需要的草图，在弹出的快捷菜单中单击“隐藏”命令来隐藏草图。再次用鼠标右键单击视图中的线段，在弹出的快捷菜单中选择“切边不可见”，可以对切边进行隐藏，如图 4-7-3 所示。

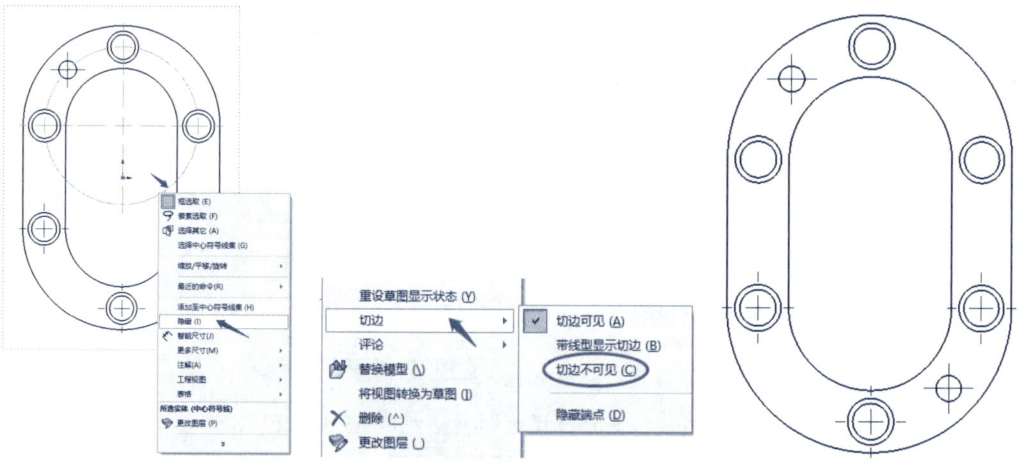

（a）　　（b）　　（c）

图 4-7-3　隐藏不需要的草图和切边

（4）插入中心线。单击菜单栏中的“插入”→“注解”中的“中心符号线...”，然后鼠标左键依次单击所有需要生成中心线的圆弧，自动生成中心线，如图 4-7-4 所示。

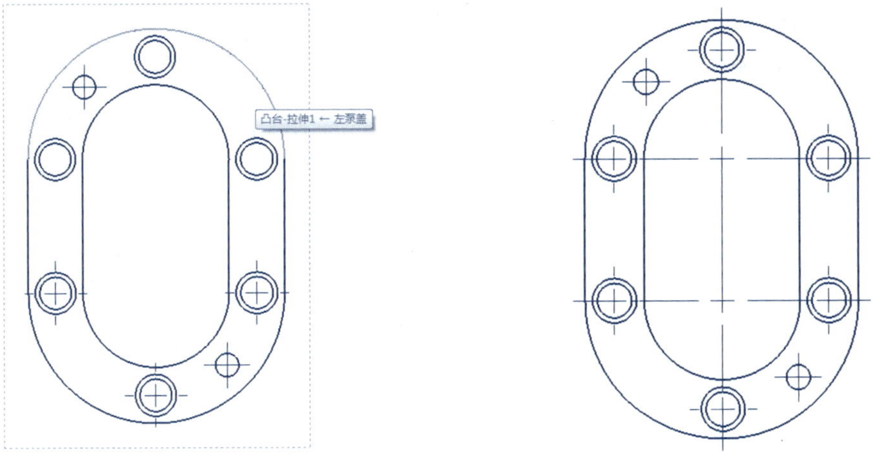

（a）　　　　（b）

图 4-7-4　插入中心线

（5）显示草图。展开左侧的模型树，如图 4-7-5（a）所示。用鼠标右键单击模型底部的“切除-旋转 1”，在弹出的快捷菜单中选择“显示/隐藏”，将该特征的草图显示在标准视图中，如图 4-7-5（b）所示。

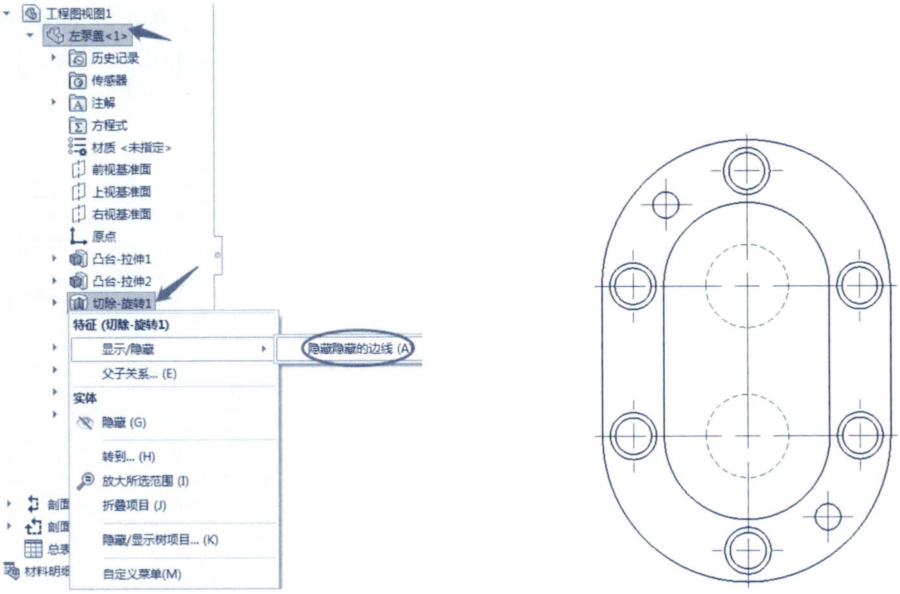

（a）　　　　（b）

图 4-7-5　显示草绘图形操作

（6）创建全剖视图。单击工程图工具栏中的剖面视图按钮 剖面视图，在绘图区的标准视图上绘制一条经过模型的横向剖面线，打开“剖面视图 *A-A*”对话框，如图 4-7-6（a）所示。向下拖动鼠标，创建一个剖面视图，如 4-7-6（b）所示。

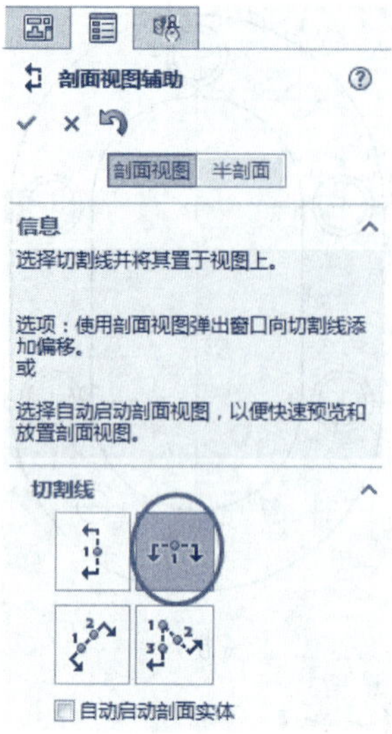

（a）“剖面视图 *A-A*”对话框

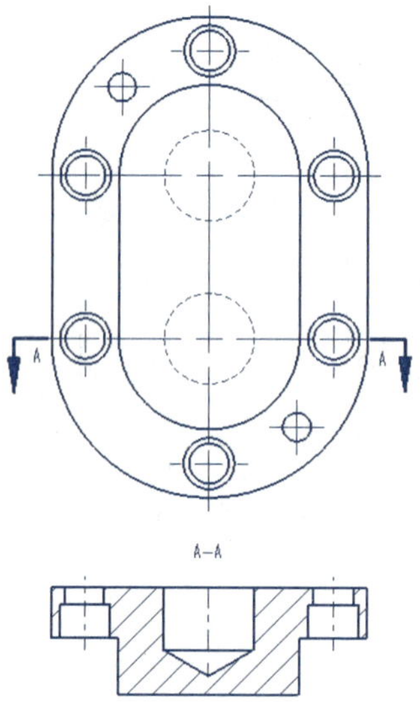

（b）创建的剖面视图

图 4-7-6　创建“剖面视图”操作

（7）创建旋转剖视图。单击工程图工具栏中的“剖面视图”下拉列表中的旋转剖视图按钮。在绘图区的标准视图上绘制两条经过模型中心、沉头孔和销孔的旋转剖面线，打开“剖面视图 *B-B*”对话框，如图 4-7-7（a）所示。再拖动鼠标创建一剖面视图，如图 4-7-7（b）所示。

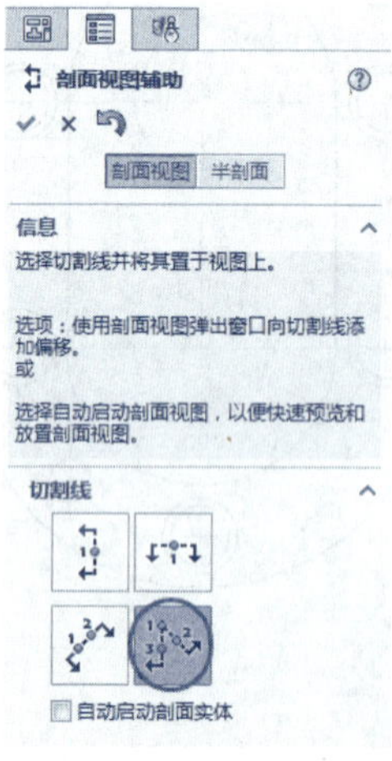

（a）“剖面视图 *B-B*”对话框

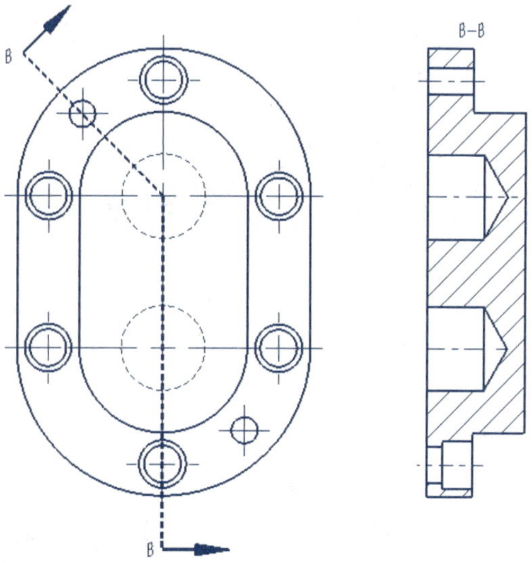

（b）创建的剖面视图

图 4-7-7　创建并调整旋转剖视图

步骤 2 标注尺寸。

标注是工程图的第二大组成要素，由尺寸、公差和表面粗糙度等组成，用于向工程人员提供详细的尺寸信息和关键技术指标。

视图的尺寸标注和“草图”模式中的尺寸标注方法类似，只是在视图中不可以对物体的实际尺寸进行更换。在视图中，既可以由系统根据已有约束自动标注尺寸，也可以由用户根据需要手动标注尺寸。

（1）自动标注尺寸。单击模型项目按钮 模型项目，打开“模型项目”对话框，如图 4-7-8（a）所示。将“来源”选项设置为“整个模型”，并单击为工程图标注按钮，单击“确定”按钮即可自动标注尺寸，对自动标注尺寸的位置进行适当调整即可，结果如图 4-7-8（b）所示。

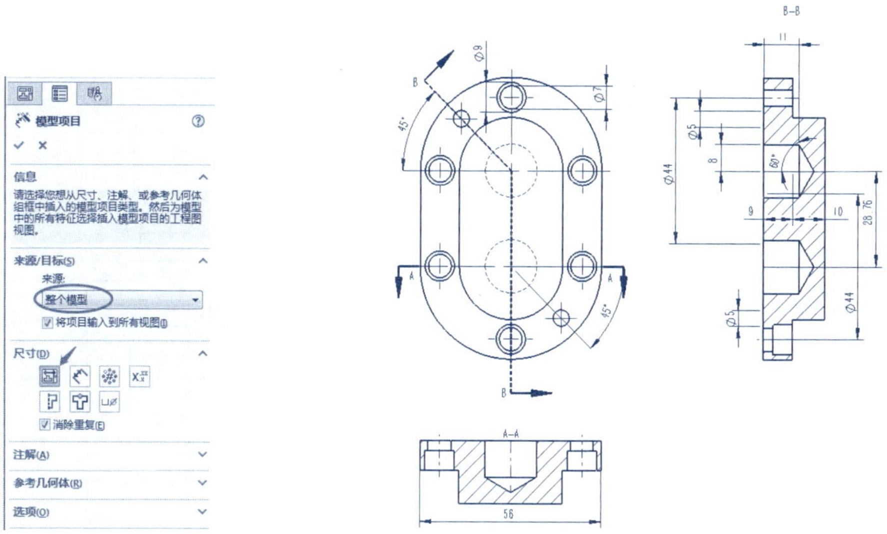

（a） （b）

图 4-7-8 自动标注尺寸

（2）手动标注尺寸。自动标注的尺寸往往不符合国家标准，实际工作中以手动标注尺寸为主。工具栏中单击“注释”选项下 智能尺寸 按钮，即可以手动为模型标注尺寸。其中，“智能尺寸”最为常用，可以完成竖直、平行、弧度、直径等尺寸标注，手动标注尺寸效果如图 4-7-9 所示。

步骤 3 标注公差。

（1）标注尺寸公差。零件加工后的实际尺寸不可能与图样中的尺寸完全相等，通常允许其在一定的范围内浮动，这个浮动的值就是所谓的尺寸公差。

鼠标左键单击选择图上任一尺寸，系统将显示“尺寸”对话框，如图 4-7-10（a）所示。在该对话框的“公差/精度”选项区的公差类型下拉列表中选择一公差类型，如选择“双边”选项。然后设置最大变量和最小变量的值（即上极限偏差和下极限偏差），单击“确定”按钮即可设置尺寸公差，结果如图 4-7-10（b）所示。

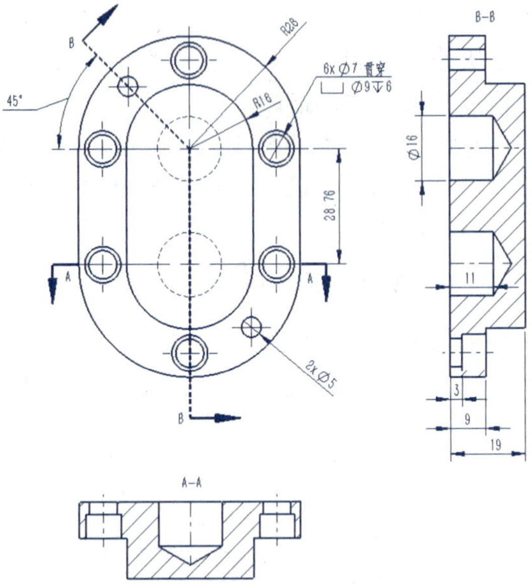

图 4-7-9　手动标注尺寸

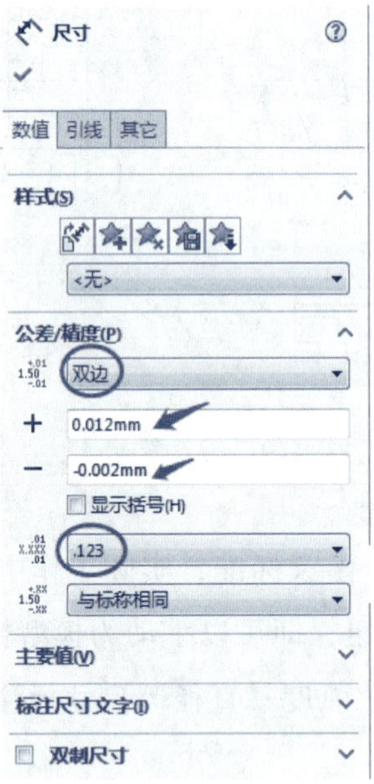

（a）

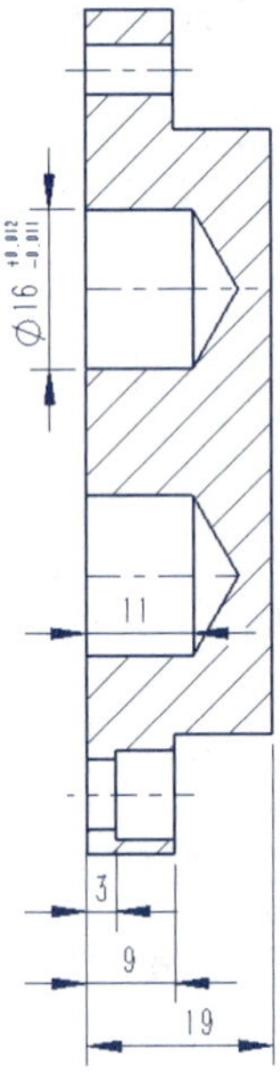

（b）

图 4-7-10　标注公差

下面介绍“尺寸”对话框中各个选项区的作用。

①“公差/精度”选项区：可以设置多种公差或精度样式。

②“主要值”选项区：用于覆盖尺寸值，如可以选中“覆盖数值”复选框，然后输入“尺寸未定”或输入其他值。

③“双制尺寸”选项区：设置使用两种尺寸单位（如 mm 和 inch）来标注同一对象。可以单击“工具”→“选项”命令，在打开的对话框中选择“文件属性”选项卡下的“单位”列表项来指定双制尺寸所使用的单位类型。

（2）标注形位公差。形位公差包括形状公差和位置公差。机械加工后零件的实际形状或相互位置与图样中规定的形状或相互位置不可避免地存在差异，形状上的差异就是形状误差，相互位置的差异就是位置误差，这类误差会影响机械产品的功能。设计时应规定相应的公差并按规定的符号标注在图样上，即标注形位公差。

标注形位公差的步骤如下：

① 单击“注解”工具栏中的“形位公差”按钮，打开“形位公差”属性管理器，同时打开“属性”对话框，如图 4-7-11（a）（b）所示。在“形位公差”属性管理器的“引线”选项区中选择公差的引线样式。

② 在“属性”对话框的“符号”下拉列表中选择“垂直”符号，在“公差 1”文本框中输入公差 0.01，在“主要”文本框中输入“*A*”（表示与端面的基准 *A* 垂直）。

③ 在其中一孔中心线处单击鼠标，再拖动鼠标设置形位公差的放置位置。

④ 单击“注解”工具栏中的“基准特征”按钮，选择左侧端面为垂直度参考基准面。完成形位公差的创建，如图 4-7-11（c）所示。

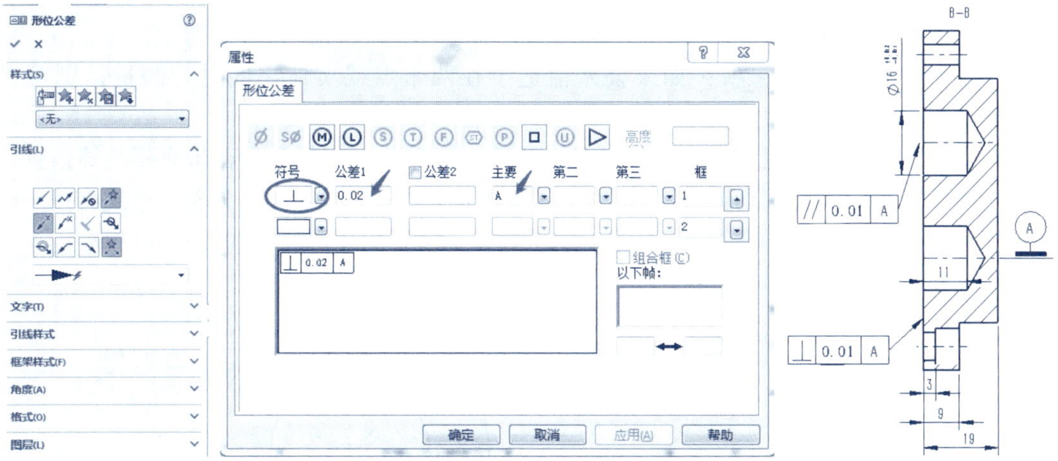

（a）“形位公差”卷展栏　　（b）“属性”对话框　　（c）创建形位公差

图 4-7-11　标注形位公差

下面介绍形位公差“属性”对话框中各选项的作用。

① 直径按钮 Ø：当公差带为圆形或圆柱形时，可以在公差值前添加此标志。

② 球直径按钮 SØ：当公差带为球形时，可在公差值前添加此标志。

③ 最大材质条件按钮 Ⓜ：也称为最大实体要求，用于指出当前标注的形位公差是在被测要素处于最大实体状态下给定的，当被测要素的实际尺寸小于最大实体尺寸时，允许增大形位公差的值。

④ 最小材质条件按钮Ⓛ：也称为最小实体要求，用于指出当前标注的形位公差是在被测要素处于最小实体状态下给定的，当被测要素的实际尺寸大于最小实体尺寸时，形位公差的值将相应减小。

⑤“无论大小如何”按钮Ⓢ：表示无论被测要素处于何种尺寸状态，形位公差的值都不变。

⑥ 相切基准面按钮Ⓣ：在公差范围内，被测要素与基准相切。

⑦ 自由状态按钮Ⓕ：适用于在成形过程中对加工硬化和热处理条件无特殊要求的产品，表示对该状态产品的力学性能不做规定。

⑧ 统计按钮ⓈⓉ：表示此公差值为“统计公差”。用“统计公差”既能获得较好的经济性，又能保证产品的质量，是一种较为先进的公差形式。

⑨“符号”下拉列表：通过该下拉列表可以设置公差符号，如可插入“直线度”—、“平面度”□、“圆度”○和“圆柱度”⌭等形状公差符号，也可插入“平行”//、“垂直”⊥、“位置”⌖、“同心”◎和“对称”⌯等位置公差符号。

⑩“公差”选项：可以在“公差 1”和“公差 2”文本框中输入公差值。

⑪“主要”“第二”“第三”文本框：用于输入“主要”“第二”和“第三”基准的名称（可以单击“基准特征”按钮在视图中标注作为基准的特征）。

⑫“框”选项：利用该选项可以在形位公差符号中生成额外框。

⑬“组合框”复选框：利用该复选框可以输入数值和材料条件符号。

⑭“介于两点间”选项：如果公差值适于在两个点或实体之间进行测量，则可在框中输入两点标号。

（3）标注孔。孔标注用于指定孔的各个参数，如深度、直径和是否带有螺纹等信息。单击“注释”工具栏中的“孔标注”按钮，然后在要标注孔的位置单击鼠标，系统将按照模型特征自动标注孔的直径和深度等信息，将沉孔特征进行简化标注，如图 4-7-12 所示。

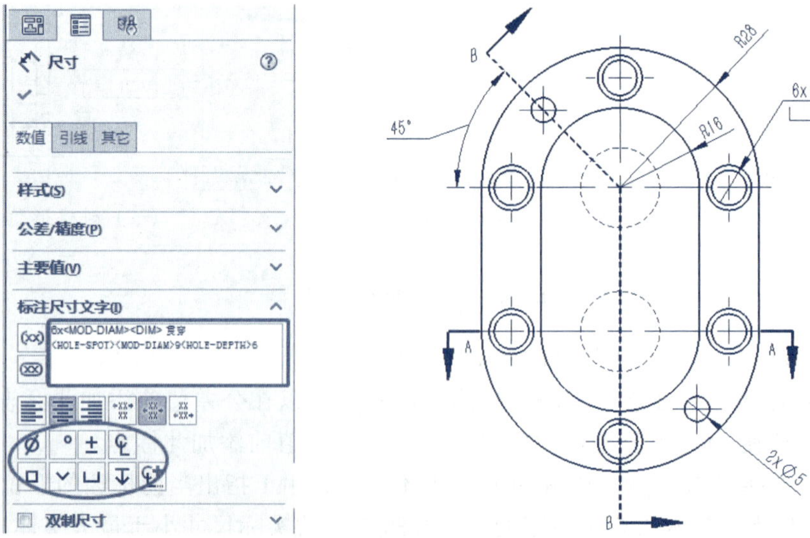

图 4-7-12　孔标注

步骤 4　标注表面粗糙度。

零件加工后的实际表面是不平的，可以用表面粗糙度来度量。其值越小，则表面质量要求越高，加工难度越大。

单击“注释”工具栏中的“表面粗糙度”符号按钮，在打开的“表面粗糙度”对话框中输入表面粗糙度然后在要标注的表面单击鼠标即可完成标注，如图 4-7-13 所示。

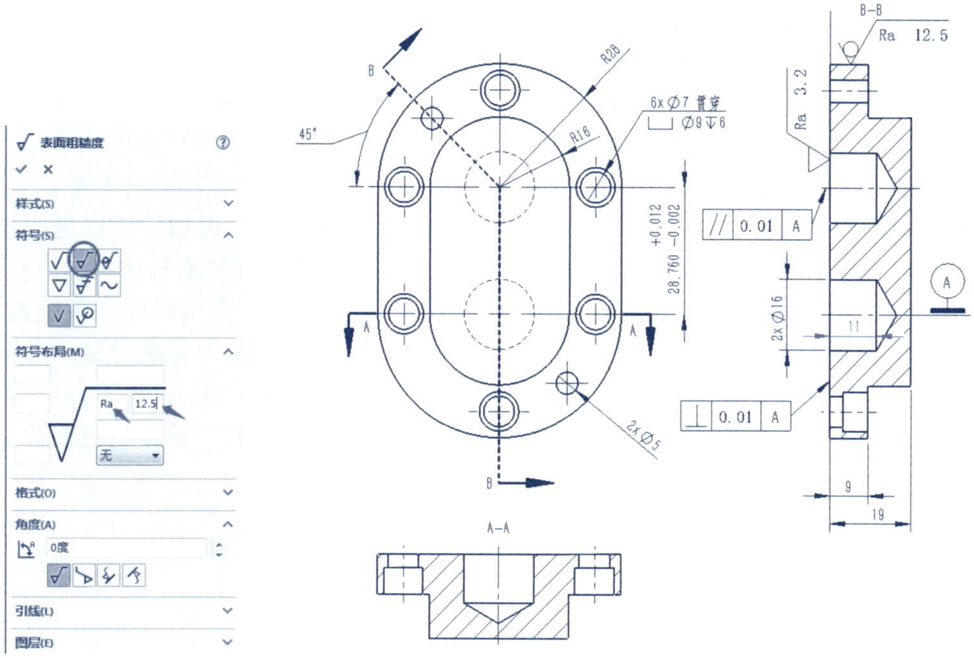

图 4-7-13　表面粗糙度标注

在“表面粗糙度”对话框中，“符号布局”选项区的各文本框的作用如图 4-7-14 所示。

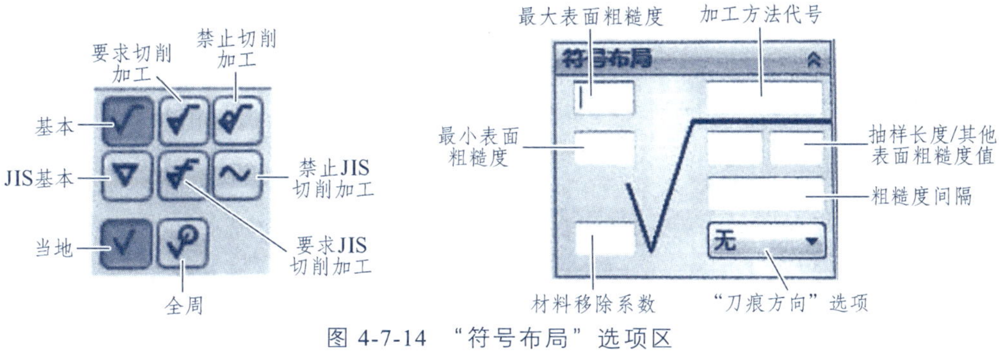

图 4-7-14　“符号布局”选项区

步骤 5　插入表格。

单击“注释”工具栏中的“表格”按钮，可以在弹出的下拉列表中选择不同形式的表格，如总表、孔表和材料明细表等。其中，总表和材料明细表较常使用。

总表可用于创建标题栏，其操作与办公软件中的表格操作基本相同，只需输入行数和列数，然后单击“确定”按钮，并在适当位置单击鼠标即可，如图 4-7-15 所示。插入“总表”后，可以根据需要进行拖动和合并等操作。双击单元格后，可以在其中输入文字。

<table>
<tr><td colspan="3" rowspan="2"></td><td>比例</td><td></td><td>图号</td><td></td></tr>
<tr><td>数量</td><td></td><td>重量</td><td></td></tr>
<tr><td>设计</td><td></td><td></td><td colspan="4" rowspan="3"></td></tr>
<tr><td>制图</td><td></td><td></td></tr>
<tr><td>审核</td><td></td><td></td></tr>
</table>

图 4-7-15　插入“总表”并对其进行修改

步骤 6　设置打印工程图。

通过对工程图进行相应设置，可以更改工程图的页面显示。例如，可以更改视图的样条粗细、样条的颜色、是否显示虚线或取消网格，以及实现清晰打印等。

单击“工具”→“选项”命令，打开“系统选项”对话框，默认打开“系统选项”选项卡。在该选项卡中可以设置“工程图”的整体性能，如设置工程图的显示类型、剖面线样式、线条颜色以及文件保存的默认位置等 “文档属性”选项卡中可以设置注释的样式，如注释的线性、尺寸和字体等参数（注意：“文档属性”设置只对当前正在操作的工程图文件有效）。

工作任务 4.7 任务学习单

<table>
<tr><td>任务名称</td><td>项目编号</td><td>小组号</td><td>组长姓名</td><td>学生姓名</td></tr>
<tr><td>右泵盖工程图出图</td><td></td><td></td><td></td><td></td></tr>
<tr><td rowspan="6">学生自主
任务实施</td><td colspan="4">1. 右端盖的左视图如何在工程图上表示？采用什么剖视图？
（提示：采用网络查询法、资料查询法、小组讨论法）</td></tr>
<tr><td colspan="4"></td></tr>
<tr><td colspan="4">2. 工程图上的尺寸由哪些部分组成？
（提示：采用网络查询法、资料查询法、小组讨论法）</td></tr>
<tr><td colspan="4"></td></tr>
<tr><td colspan="4">3. 右端盖的俯视图在 Solidwoks 上出工程图是由哪一部分的剖视图得到的？是怎么剖的？
（提示：采用网络查询法、资料查询法、小组讨论法）</td></tr>
<tr><td colspan="4"></td></tr>
<tr><td>完成任务总结
（工欲善其事，
必先利其器）</td><td colspan="4">1. 存在其他问题与解决方案

2. 收获与体会

3. 其他建议</td></tr>
</table>

工作任务 4.7　任务评价单

<table>
<tr><td>班级</td><td></td><td>学号</td><td colspan="2"></td><td>姓名</td><td></td><td>日期</td><td></td><td>成绩</td><td></td></tr>
<tr><td>小组成员
（姓名）</td><td colspan="10"></td></tr>
<tr><td>职业能力评价</td><td>分值</td><td colspan="3">自评（10%）</td><td colspan="3">组长评价（20%）</td><td colspan="3">教师综合评价（70%）</td></tr>
<tr><td>完成任务思路</td><td>5</td><td colspan="3"></td><td colspan="3"></td><td colspan="3"></td></tr>
<tr><td>信息收集情况</td><td>5</td><td colspan="3"></td><td colspan="3"></td><td colspan="3"></td></tr>
<tr><td>团队合作</td><td>10</td><td colspan="3"></td><td colspan="3"></td><td colspan="3"></td></tr>
<tr><td>练习态度</td><td>10</td><td colspan="3"></td><td colspan="3"></td><td colspan="3"></td></tr>
<tr><td>考勤</td><td>10</td><td colspan="3"></td><td colspan="3"></td><td colspan="3"></td></tr>
<tr><td>讲演与答辩</td><td>35</td><td colspan="3"></td><td colspan="3"></td><td colspan="3"></td></tr>
<tr><td>按时完成任务</td><td>15</td><td colspan="3"></td><td colspan="3"></td><td colspan="3"></td></tr>
<tr><td>善于总结学习</td><td>10</td><td colspan="3"></td><td colspan="3"></td><td colspan="3"></td></tr>
<tr><td>合计评分</td><td>100</td><td colspan="3"></td><td colspan="3"></td><td colspan="3"></td></tr>
</table>

附录 1

图纸折叠标准

1. 要求装订的图纸折叠方法

◆ 第一类：折叠成 A4。需留有装订边，注意折叠顺序和尺寸。

（1）A0 折叠成 A4。按下图中的顺序和尺寸，折完后图号在上。

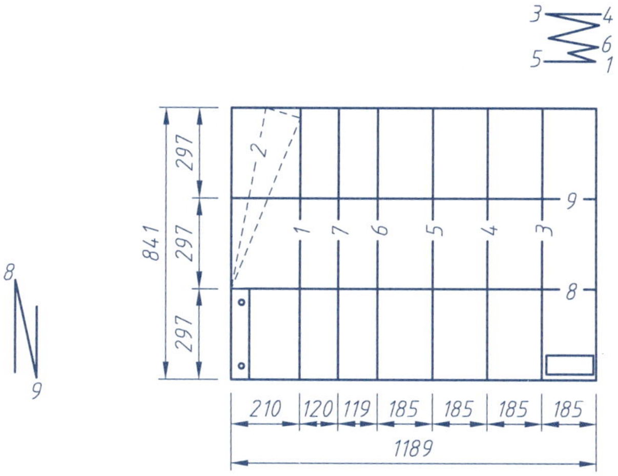

附图 1-1　A0 折成 A4

（2）A1 图纸折叠成 A4。按下图中的顺序和尺寸，折完后图号在上。

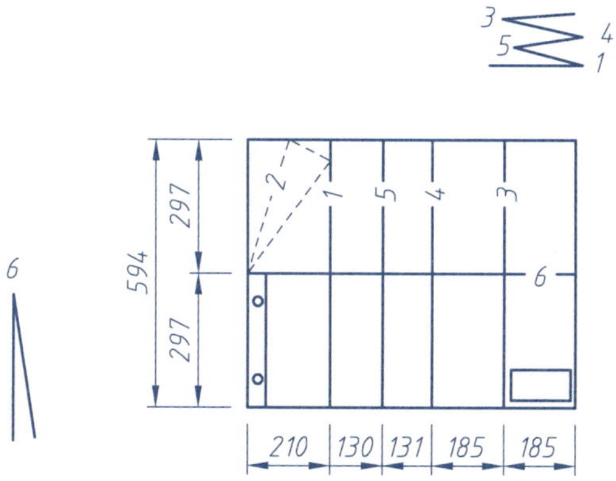

附图 1-2　A1 折成 A4

（3）A2 图纸折叠成 A4。按下图中的顺序和尺寸，折完后图号在上。

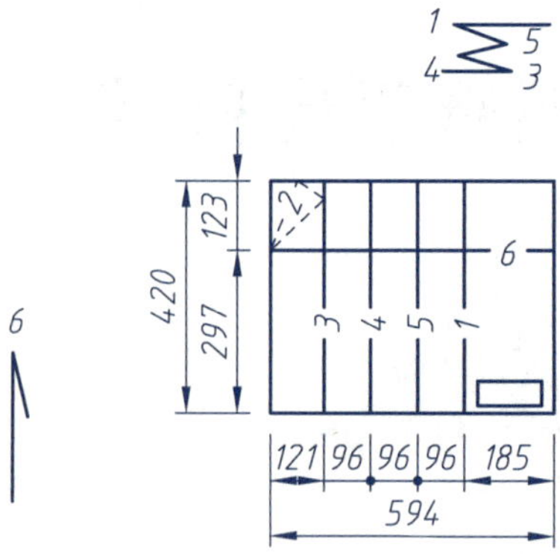

附图 1-3 A2 折成 A4

（4）A3 图纸折叠成 A4。按下图中的顺序和尺寸，折完后图号在上。

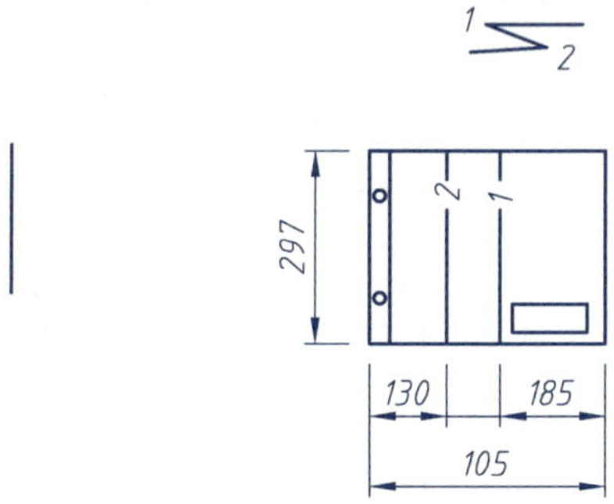

附图 1-4 A3 折成 A4

◆ 第二类：折叠成 A3。注意折叠顺序和尺寸。

各种尺寸的图折成 A3 的方法与 A4 类似，但 A3 一般横向装订，尺寸有所不同。

（1）A0 折成 A3。按下图中的顺序和尺寸，折完后图号在上。

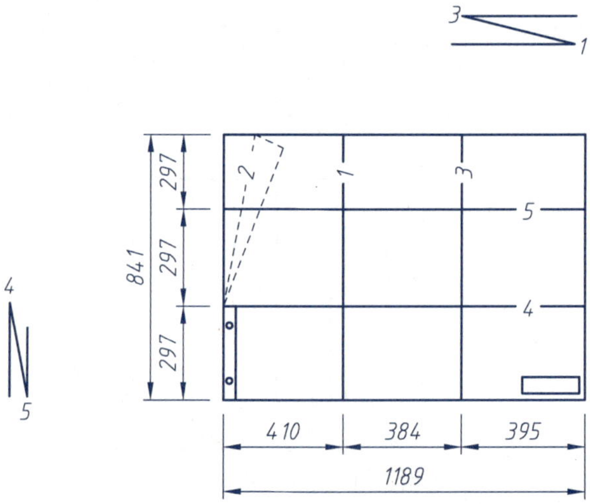

附图 1-5 A0 折成 A3

（2）A1 折成 A3。按下图中的顺序和尺寸，折完后图号在上。

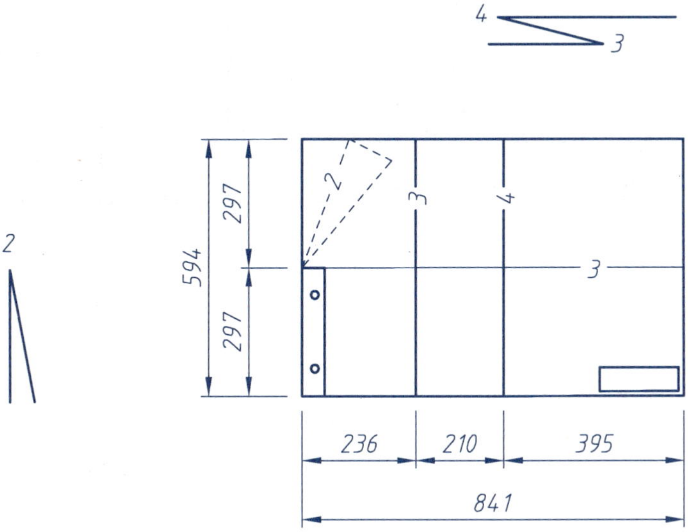

附图 1-6　A1 折成 A3

（3）A2 折成 A3。按下图中的顺序和尺寸，折完后图号在上。

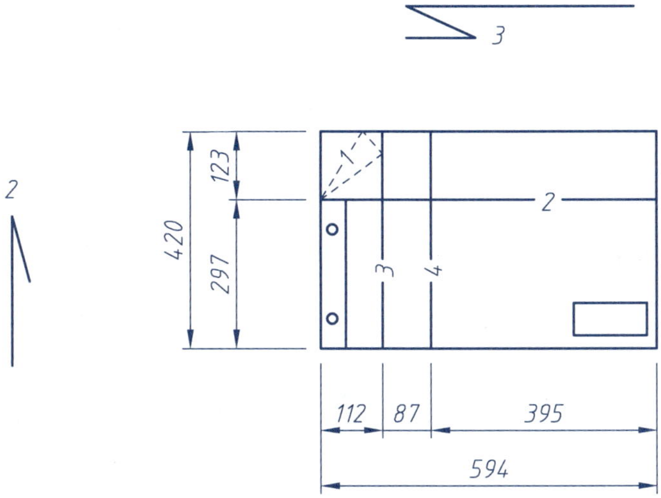

附图 1-7　A2 折成 A3

2. 不需要装订的图纸折叠方法

（1）A0 折叠成 A4。按下图中的顺序和尺寸，折完后图号在上。

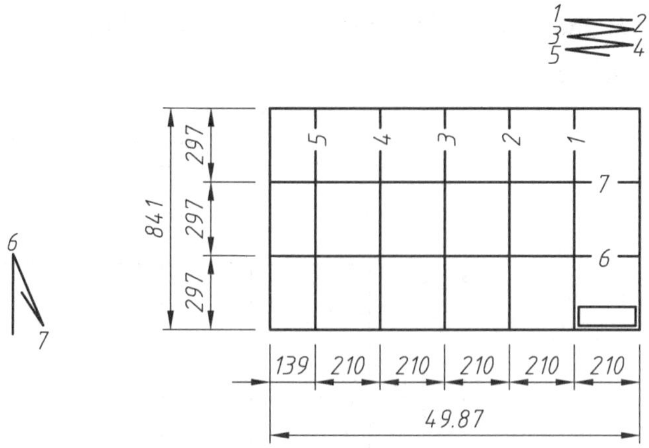

附图 1-8　A0 折成 A4（不装订）

（2）A1 折叠成 A4。按下图中的顺序和尺寸，折完后图号在上。

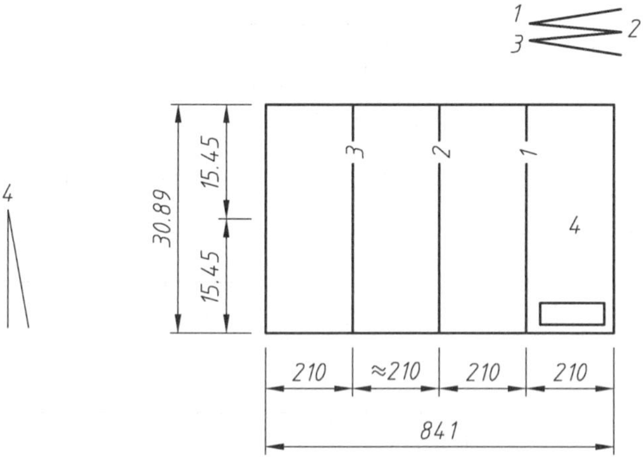

附图 1-9　A1 折成 A4（不装订）

（3）A2 图纸折叠成 A4。按下图中的顺序和尺寸，折完后图号在上。

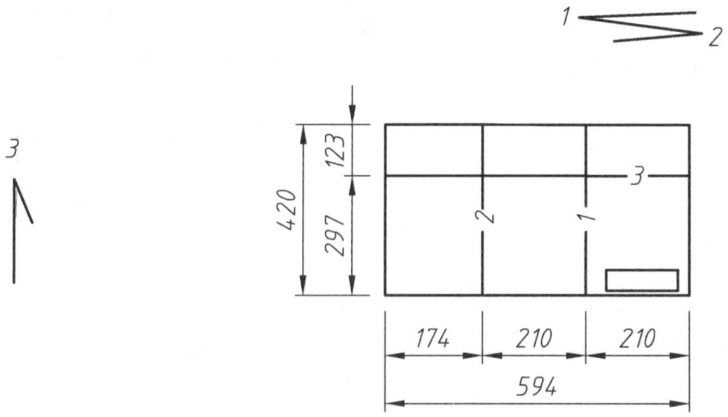

附图 1-10　A2 折成 A4（不装订）

（4）A3 图纸折叠成 A4。按下图中的顺序和尺寸，折完后图号在上。

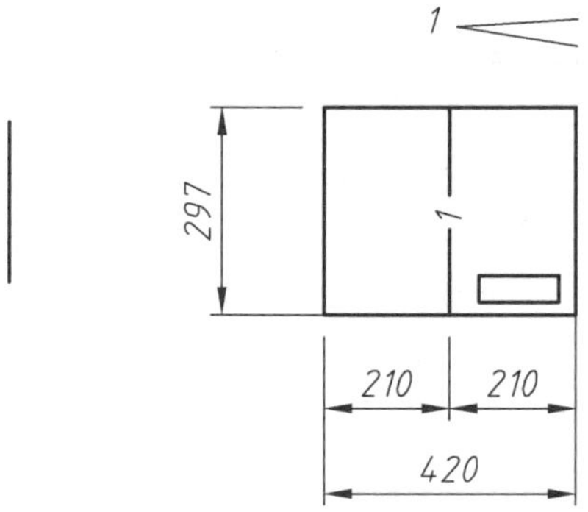

附图 1-11　A3 折成 A4（不装订）

附录 2

机械制图标准（摘录）

附表 1　梯形螺纹最大实体牙型尺寸（GB/T 5796.1—2005）

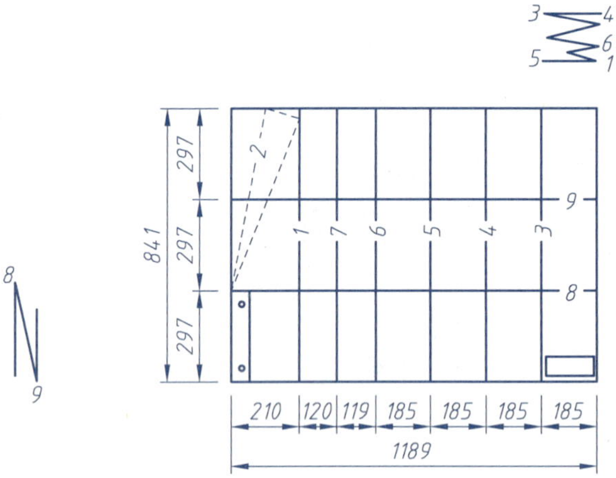

d——外螺纹大径（公称直径）；

P——螺距；

a_c——牙顶间隙；

H_1——基本牙型高度，$H_1 = 0.5P$；

H_3——外螺纹牙高，$H3 = H_1 + a_c = 0.5P + a_c$；

H_4——内螺纹牙高，$H4 = H_1 + a_c = 0.5P + a_c$；

Z——牙顶高，$Z = 0.25P = H_1/2$；

d_2——外螺纹中径，$d_2 = d - 2Z = d - 0.5P$；

D_2——内螺纹中径，$D_2 = d - 2Z = d - 0.5P$；

d_3——外螺纹小径，$d_3 = d - 2h3$；

D_1——内螺纹小径，$D_1 = d - 2H_1 1 = d - P$；

D_4——内螺纹大径，$D_4 = d + 2a_c$；

R_1——外螺纹牙顶圆角，$R_{1\max} = 0.5a_c$；

R_2——牙底圆角，$R_{2\max} = a_c$

螺距 P	a_c	$H_4 = H_3$	$R_{1\max}$	$R_{2\max}$	螺距 P	a_c	$H_4 = H_3$	$R_{1\max}$	$R_{2\max}$
1.5	0.15	0.9	0.075	0.15	14	1	8	0.5	1
2	0.25	1.25	0.125	0.25	16	1	9	0.5	1
3	0.25	1.75	0.125	0.25	18	1	10	0.5	1
4	0.25	2.25	0.125	0.25	20	1	11	0.5	1
5	0.25	2.75	0.125	0.25	22	1	12	0.5	1
6	0.5	3.5	0.25	0.5	24	1	13	0.5	1
7	0.5	4	0.25	0.5	28	1	15	0.5	1
8	0.5	4.5	0.25	0.5	32	1	17	0.5	1
9	0.5	5	0.25	0.5	36	1	19	0.5	1
10	0.5	5.5	0.25	0.5	40	1	21	0.5	1
12	0.5	6.5	0.25	0.5	44	1	23	0.5	1

附表 2　梯形螺纹基本尺寸（GB/T 5796.3—2005）

公称直径 d		螺距 P	中径	大径	小径	
第一系列	第二系列		$d_2=D_2$	D_4	d_3	D_1
8		1.5	7.25	8.3	6.2	6.5
	9	1.5	8.25	9.3	7.2	7.5
		2	8	9.5	6.5	7.0
10		1.5	9.25	9.5	6.5	7.0
		2	9.00	10.3	8.2	8.5
	11	2	10.00	11.5	8.5	8.0
		3	9.50	11.5	7.5	9.0
12		2	11.00	12.5	9.5	10.0
		3	10.50	12.5	8.5	9.0
	14	2	13	14.5	11.5	12
		3	12.5	14.5	10.5	11
16		2	15	16.5	13.5	14
		4	14	16.5	11.5	12
	18	2	17	18.5	15.5	16
		4	16	18.5	13.5	14
20		2	19	20.5	17.5	18
		4	18	20.5	15.5	16
	22	3	20.5	22.5	18.5	19
		5	19.5	22.5	16.5	17
		8	18	23	13	14
24		3	22.5	24.5	20.5	21
		5	21.5	24.5	18.5	19
		8	20	25	15	16
	26	3	24.5	26.5	22.5	23
		5	23.5	26.5	20.5	21
		8	22	27	17	18
28		3	26.5	28.5	24.5	25
		5	25.5	28.5	22.5	23
		8	24	29	19	20

附表 3　标准尺寸（摘自 GB/T 2822—2005）

R			R'			R			R'		
R_{10}	R_{20}	R_{40}	R'_{10}	R'_{20}	R'_{40}	R_{10}	R_{20}	R_{40}	R'_{10}	R'_{20}	R'_{40}
5.00	5.00		5.0	5.0				53			53
	5.60			5.5			56	56		56	56
6.30	6.30		6.0	6.0				60			60
	7.10			7.0		63.0	63.0	63.0	63	63	63
8.00	8.00		8.0	8.0				67.0			67
	9.00			9.0			71.0	71.0		71	71
10.00	10.00		10.0	10.0				75.0			75
	11.2		11			80.0	80.0	80.0	80	80	80
12.5	12.5	12.5	12	12	12			85.0			85
		13.2			13		90.0	90.0		90	90
	14.0	14.0		14	14			95.0			95
		15.0			15	100.0	100.0	100.0	100	100	100
16.0	16.0	16.0	16	16	16			106			106
		17.0			17		112	112		110	110
	18.0	18.0		18	18			118			120
		19.0			19	125	125	125	125	125	125
20.0	20.0	20.0	20	20	20			132			130
		21.2			21		140	140		140	140
	22.4	22.4		22	22			150			150
		23.6			24	160	160	160	160	160	160
25.0	25.0	25.0	25	25	25			170			170
		26.5			26		180	180		180	180
	28.0	28.0		28	28			190			190
		30.0			30	200	200	200	200	200	200
31.5	31.5	31.5	32	32	32			212			210
		33.5			34		224	224		220	220
	33.5	33.5		36	36			236			240
		37.5			38	250	250	250	250	250	250
40.0	40.0	40.0	40	40	40			265			260
		42.5			42		280	280		280	280
	45.0	45.0		45	45			300			300
		47.5			48	315	315	315	320	320	320
50.0	50.0	50.0	50	50	50			335			340

附表 4　普通螺纹直径与螺距系列（GB/T 193—2003）

公称直径 D、d				螺距 P										
第一系列	第二系列	第三系列	粗牙	细牙										
				4	3	2	1.5	1.25	1	0.75	0.5	0.35	0.25	0.2
1			0.25											0.2
	1.1		0.25											0.2
1.2			0.25											0.2
	1.4		0.3											0.2
1.6			0.35											0.2
	1.8		0.35											0.2
2			0.4										0.25	
	2.2		0.45										0.25	
2.5			0.45									0.35		
3			0.5									0.35		
	3.5		(0.6)									0.35		
1			0.7								0.5			
	1.5		(0.75)								0.5			
5			0.8								0.5			
		5.5									0.5			
6			1							0.75	0.5			
		7	1							0.75	0.5			
8			1.25						1	0.75	0.5			
		9	(1.25)						1	0.75	0.5			
10			1.5					1.25	1	0.75	0.5			
		11	(1.5)						1	0.75	0.5			
12			1.75				1.5	1.25	1	0.75	0.5			
	14		2				1.5	1.25①	1	0.75	0.5			
		15					1.5		(1)					
16			2				1.5		1	0.75	0.5			
		17					1.5		(1)					
	18		2.5			2	1.5		1	0.75	0.5			
20			2.5			2	1.5		1	0.75	0.5			
	22		2.5			2	1.5		1	0.75	0.5			
24			3			2	1.5		1	0.75				
		25				2	1.5		(1)					
		26					1.5							
	27		3			2	1.5		1	0.75				
		28				2	1.5		1					

附表 5　普通螺纹基本尺寸（GB/T 196—2003）

公称直径 D，d		螺　距	中　径	小　径
第一系列	第二系列	P	D_2 或 d_2	D_1 或 d_1
2.5		0.45	2.208	2.013
		0.35	2.273	2.121
3		0.5	2.675	2.459
		0.35	2.773	2.621
	3.5	(0.6)	3.110	2.850
		0.35	3.273	3.121
4		0.7	3.545	3.242
		0.5	3.675	3.459
	4.5	(0.75)	4.013	3.688
		0.5	4.175	3.959
5		0.8	4.480	4.134
		0.5	4.675	4.459
6		1	5.350	4.917
		0.75	5.513	5.188
		(0.5)	5.675	5.459
8		1.25	7.188	6.647
		1	7.350	6.917
		0.75	7.513	7.188
		(0.5)	7.675	7.459
10		1.5	9.026	8.376
		1.25	9.188	8.647
		1	9.350	8.917
		0.75	9.513	9.188
		(0.5)	9.675	9.459
12		1.75	10.863	10.106
		1.5	11.026	10.376
		1.25	11.188	10.647
		1	11.350	10.917
		0.75	11.513	11.188
		(0.5)	11.675	11.459

公称直径 D，d		螺　距	中　径	小　径
第一系列	第二系列	P	D_2 或 d_2	D_1 或 d_1
	14	2	12.701	11.835
		1.5	13.026	12.376
		(1.25)	13.188	12.647
		1	13.350	12.917
		(0.75)	13.513	13.138
		(0.5)	13.675	13.459
16		2	14.701	13.835
		1.5	15.026	14.374
		1	15.350	14.917
		(0.75)	15.513	15.188
		0.5	15.675	15.459
	18	2.5	16.376	15.294
		2	16.701	15.835
		1.5	17.026	16.376
		1	17.350	16.917
		(0.75)	17.513	17.188
		(0.5)	17.675	17.459
20		2.5	18.376	17.294
		2	18.701	17.835
		1.5	19.026	18.376
		1	19.350	18.917
		(0.75)	19.513	19.188
		(0.5)	19.675	19.459
	22	2.5	20.376	19.294
		2	20.701	19.835
		1.5	21.026	20.376
		1	21.350	20.917
		(0.75)	21.513	21.188
		(0.5)	21.675	21.459

续附表

公称直径 D，d		螺　距 P	中　径 D_2 或 d_2	小　径 D_1 或 d_1
第一系列	第二系列			
24		3	22.051	20.752
		2	22.701	21.835
		1.5	23.026	22.376
		1	23.350	22.917
		(0.75)	23.513	23.188
	27	3	25.051	23.752
		2	25.701	24.835
		1.5	26.026	25.376
		1	26.350	25.917
		(0.75)	26.513	26.188
30		3.5	27.727	26.211
		(3)	28.051	26.752
		2	28.701	27.835
		1.5	29.026	28.376
		1	29.350	28.917
		(0.75)	29.513	29.188
	33	3.5	30.727	29.211
		(3)	31.051	29.752
		2	31.701	30.835
		1.5	32.026	31.376
		1	32.350	31.917
		(0.75)	32.513	32.188
36		4	33.402	31.670
		3	34.051	32.752
		2	34.701	33.835
		1.5	35.026	34.376
		(1)	35.350	34.917

续附表

公称直径 D，d		螺　距 P	中　径 D_2 或 d_2	小　径 D_1 或 d_1
第一系列	第二系列			
	39	4	36.402	34.670
		3	37.051	35.752
		2	37.701	36.835
		1.5	38.026	37.376
		（1）	38.350	37.917
42		4.5	39.077	37.129
		（4）	39.402	37.670
		3	40.051	38.752
		2	40.701	39.835
		1.5	41.026	40.376
		（1）	41.350	40.917
	45	4.5	42.077	40.129
		（4）	42.402	40.670
		3	43.051	41.752
		2	43.701	42.835
		1.5	44.026	43.376
		（1）	44.350	43.917

附表 6　55°非密封管螺纹的基本尺寸（GB/T 7307—2001）

尺寸代号	牙数 n	螺距 P /mm	牙高 h /mm	基本直径/mm		
				大径	中径	小径
				$d=D$	$d_2=D_2$	$d_1=D_1$
1/16	28	0.907	0.581	7.723	7.142	6.561
1/8	28	0.907	0.581	9.728	9.147	8.566
1/4	19	1.337	0.856	13.157	12.301	11.445
3/8	19	1.337	0.856	16.662	15.806	14.95
1/2	14	1.814	1.162	20.955	19.793	18.631
5/8	14	1.814	1.162	22.911	21.749	20.587
3/4	14	1.814	1.162	26.441	25.279	24.117
7/8	14	1.814	1.162	30.201	29.039	27.877
1	11	2.309	1.479	33.249	31.77	30.291
1 1/8	11	2.309	1.479	37.897	36.418	34.939
1 1/4	11	2.309	1.479	41.91	40.431	38.952
1 3/8	11	2.309	1.479	44.323	42.844	41.365
1 1/2	11	2.309	1.479	47.803	46.324	44.845
1 3/4	11	2.309	1.479	53.746	52.267	50.788
2	11	2.309	1.479	59.614	58.135	56.656
2 1/4	11	2.309	1.479	65.71	64.231	62.752
2 1/2	11	2.309	1.479	75.184	73.705	72.226
2 3/4	11	2.309	1.479	81.534	80.055	78.576
3	11	2.309	1.479	87.884	86.406	84.926
3 1/4	11	2.309	1.479	93.98	92.501	91.022
3 1/2	11	2.309	1.479	100.33	98.851	97.372
4	11	2.309	1.479	113.03	111.551	110.072
4 1/2	11	2.309	1.479	125.73	124.251	122.772
5	11	2.309	1.479	138.43	136.951	135.472
5 1/2	11	2.309	1.479	151.13	149.651	148.172
6	11	2.309	1.479	163.83	162.351	160.872

附表 7　平垫圈 A 级（GB/T 97.1—2002）、平垫圈倒角型 A 级（GB/T 97.2—2002）

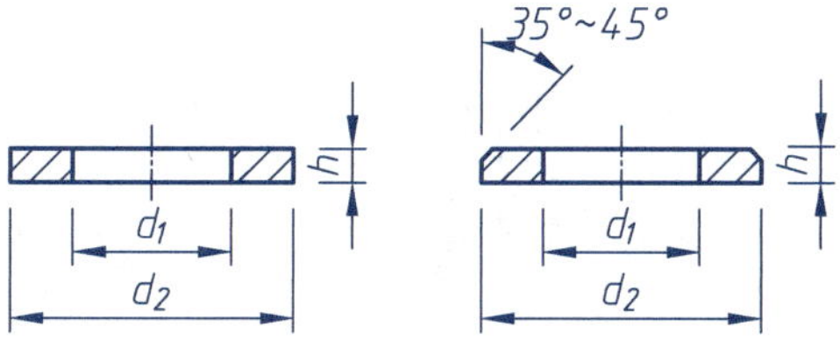

标注示例

公称规格（螺纹大径为 8），硬度等级为 200HV 级、不经表面处理、产品等级为 A 级的平垫圈，其标记为：垫圈　GB/T 97.1—8

螺纹大径 d	2	2.5	3	4	5	6	8	10	12	14	16	20	24	30
内径 d_1	2.2	2.7	3.2	4.3	5.3	6.4	8.4	10.5	13	15	17	21	25	31
外径 d_2	5	6	7	9	10	12	16	20	24	28	30	37	44	56
厚度 h	0.3	0.5	0.5	0.8	1	1.6	1.6	2	2.5	2.5	3	3	4	4

附表 8　标准弹簧垫圈（GB/T 93—1987）

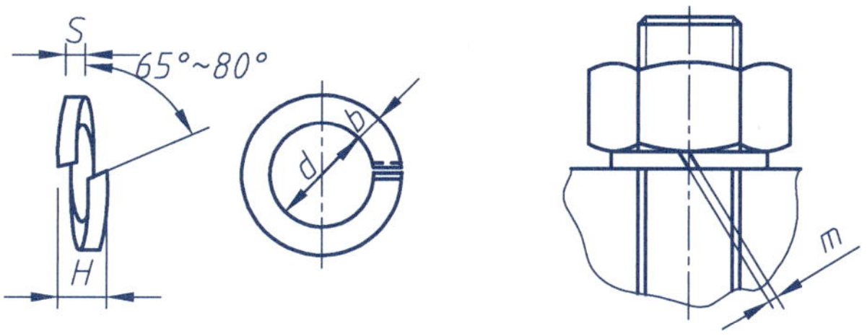

标注示例

公称规格 8，材料为 65Mn、表面氧化的标准型弹簧垫圈，其标记为：

垫圈 GB/T 93　8

螺纹大径 d		2	2.5	3	4	5	6	8	10	12	14	16	20	24	30
d	min	2.1	2.6	3.1	4.1	5.1	6.1	8.1	10.2	12.2	14.2	16.2	20.2	24.5	30.5
	max	2.35	2.85	3.4	4.4	5.4	6.68	8.68	10.9	12.9	14.9	16.9	21.04	25.5	28.5
S（b）	公称	0.5	0.65	0.8	1.1	1.3	1.6	2.1	2.6	3.1	3.6	4.1	5	6	7.5
	min	0.65	0.57	0.7	1	1.2	1.5	2	2.45	2.95	3.4	3.9	4.8	5.8	7.2
	max	0.58	0.7	0.9	1.2	1.4	1.7	2.2	2.75	3.25	3.8	4.3	5.2	6.2	7.8
H	min	1	1.3	1.6	2.2	2.6	3.2	4.2	5.2	6.2	7.2	8.2	10	12	15
	max	1.25	1.63	2	2.75	3.25	4	5.25	6.2	7.75	9	10.25	12.5	15	18.75
m<		0.25	0.33	0.4	0.55	0.65	0.8	1.05	1.3	1.55	1.8	2.05	2.5	3	3.75

附表 9　平键及键槽各部分尺寸（GB/T 1095～1096—1979）

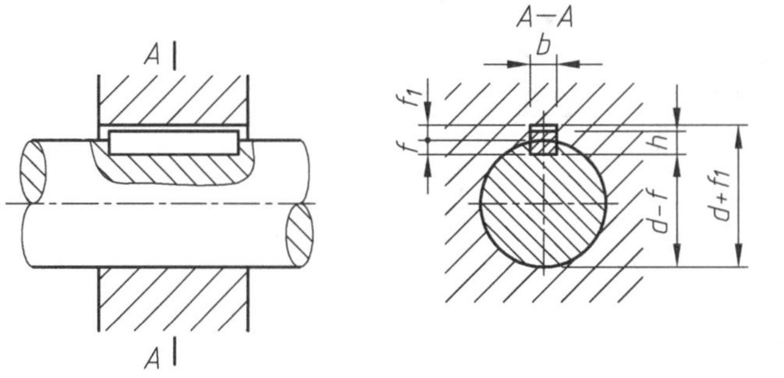

标记示例：

键 6×100 GB/T 1096—1979

（圆头普通平键，b=16，L=100）

键 B16×100 GB/T 1096—1979

（平头普通平键，b=16，L=100）

键 C16×100 GB/T 1096—1979

（单圆头普通平键，b=16，L=100）

轴	键		键槽											
公称直径 d	公称尺寸 $b\times h$（h9）	长度 L（h11）	宽度						深度				半径 r	
			公称尺寸 b	极限偏差					轴 t		毂 t_1			
				较松键连接		一般键连接		较紧键连接	公称尺寸	极限偏差	公称尺寸	极限偏差		
				轴 H9	毂 D10	轴 N9	毂 JS9	轴和毂 P9					最大	最小
自 6～8	2×2	6～20	2	+0.025 0	+0.060 +0.020	−0.004 −0.029	± 0.0125	−0.006 −0.031	1.2	+0.1 0	1	+0.1 0	0.08	0.16
>8～10	3×3	6～36	3						1.8		1.4			
>10～12	4×4	8～45	4	+0.030 0	+0.078 +0.030	0 −0.030	±0.015	−0.012 −0.042	2.5		1.8			
>12～17	5×5	10～56	5						3.0		2.3		0.16	0.25
>17～22	6×6	14～70	6						3.5		2.8			
>22～30	8×7	18～90	8	+0.036 0	+0.098 +0.040	0 −0.036	±0.018	−0.015 −0.051	4.0	+0.2 0	3.3	+0.2 0		
>30～38	10×8	22～110	10						5.0		3.3		0.25	0.40
>38～44	12×8	28～140	12	+0.043 0	+0.120 +0.050	0 −0.043	± 0.0215	−0.018 −0.061	5.0		3.3			
>44～50	14×9	36～160	14						5.5		3.8			
>50～58	16×10	45～180	16						6.0		4.3			
>58～65	18×11	50～200	18						7.0		4.4			
>65～75	20×12	56～220	20	+0.052 0	+0.149 +0.065	0 −0.052	±0.026	−0.022 −0.074	7.5		4.9		0.40	0.60
>75～85	22×14	63～250	22						9.0		5.4			
>85～95	25×14	70～280	25						9.0		5.4			
>95～110	28×16	80～320	28						10.0		6.4			

注：l 系列为 6、8、10、12、14、16、18、20、22、25、28、32、36、40、45、50、56、63、70、80、90、100、110、125、140、160、180、200 等。

附表 10　圆柱销的规格尺寸（GB/T 119.1—2000）

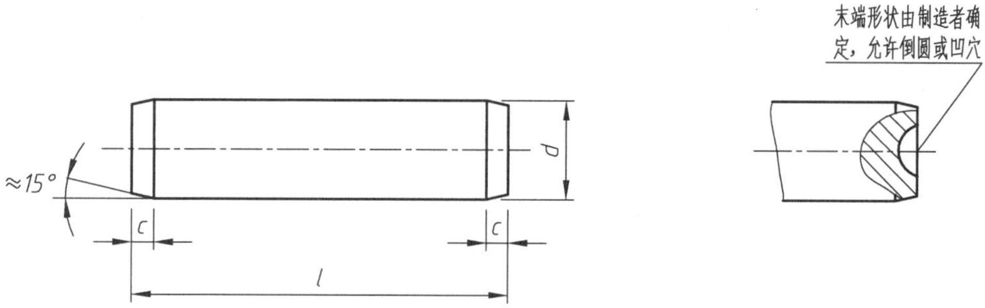

标记示例

公称直径为 6 mm，公称长度为 30 mm，材料为钢，不经淬火、不经表面处理的圆柱销，其标记为：销 GB/T 119.1　6×30

公称直径 d m6/h8	0.6	0.8	1	1.2	1.5	2	2.5	3	4	5	6	8	10	12	16	20	25	30	40	50
c≈	0.12	0.16	0.2	0.25	0.3	0.35	0.4	0.5	0.63	0.8	1.2	1.6	2	2.5	3	3.5	4	5	6.3	8
$l_{范围}$	2~6	2~8	4~10	4~12	4~16	6~20	6~24	8~30	8~40	10~50	12~60	14~80	18~95	22~140	26~180	35~200	50~200	60~200	80~200	95~200
$l_{系列}$	2、3、4、5、6、8、10、12、14、16、18、20、22、24、26、28、30、32、35、40、45、50、55、60、65、70、75、80、85、90、95、100、120、140、160、180、200																			

附表 11　圆锥销的规格尺寸（GB/T 117—2000）

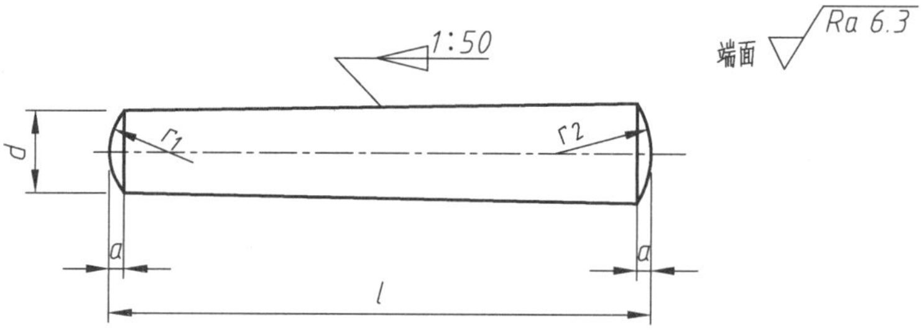

标注示例

公称直径为 d=10 mm，公称长度为 l=60，材料为 35 号钢，热处理硬度（28～38）HRC、表面氧化处理的 A 型圆锥销，其标记为：销　GB/T 117　10×60

d(公称) h10	0.6	0.8	1	1.2	1.5	2	2.5	3	4	5	6	8	10	12	16	20	25	30	40	50
c≈	0.08	0.1	0.12	0.16	0.2	0.25	0.3	0.4	0.5	0.63	0.8	1	1.2	1.6	2	2.5	3	4	5	6.3
$l_{范围}$	4~8	5~12	6~16	6~20	8~24	10~35	10~35	12~45	14~55	18~60	22~90	22~120	26~160	32~180	40~200	45~200	50~200	55~200	60~200	65~200
$l_{系列}$	2、3、4、5、6、8、10、12、14、16、18、20、22、24、26、28、30、32、35、40、45、50、55、60、65、70、75、80、85、90、95、100、120、140、160、180、200																			

附表 12　深沟球轴承（GB 276—2013）

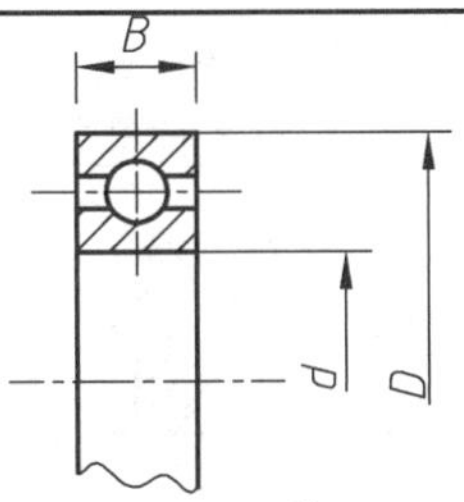

60000 型

标注示例
滚动轴承 6012
GB/T 276

轴承型号	尺寸/mm		
	d	D	B
17 系列			
617/5	5	8	2
617/6	6	10	2.5
617/7	7	11	2.5
617/8	8	12	2.5
617/9	9	14	3
61700	10	15	3
18 系列			
61800	10	19	5
61801	12	21	5
61802	15	24	5
61803	17	26	5
61804	20	32	7
61805	25	37	7
61806	30	42	7
61807	35	47	7
61808	40	52	7
61809	45	58	7
61810	50	65	7
61811	55	72	9
61812	60	78	10
61813	65	85	10
61814	70	90	10
61815	75	95	10
61816	80	100	10
61817	85	110	13
61818	90	115	13
61819	95	120	13
61820	100	125	13

轴承型号	尺寸/mm		
	d	D	B
37 系列			
637/5	5	8	3
637/6	6	10	3.5
637/7	7	11	3.5
637/8	8	12	3.5
637/9	9	14	4.5
63700	10	15	4.5
00 系列			
16001	12	28	7
16002	15	32	8
16003	17	35	8
16004	20	42	8
16005	25	47	8
16006	30	55	9
16007	35	62	9
16008	40	68	9
16009	45	75	10
16010	50	80	10
16011	55	90	11
16012	60	95	11
16013	65	100	11
16014	70	110	13
16015	75	115	13
04 系列			
6403	17	62	17
6404	20	72	19
6405	25	80	21
6406	30	90	23
6407	35	100	25
6408	40	110	27
6409	45	120	29
6410	50	130	31
6411	55	140	33
6412	60	150	35
6413	65	160	37
6414	70	180	42

附表 13　标准公差值表（GB/T 1800.3—1998）

基本尺寸/mm		标准公差等级																	
		IT1	IT2	IT3	IT4	IT5	IT6	IT7	IT8	IT9	IT10	IT11	IT12	IT13	IT14	IT15	IT16	IT17	IT18
大于	至	μm											mm						
—	3	0.8	1.2	2	3	4	6	10	14	25	40	60	0.1	0.14	0.25	0.4	0.6	1	1.4
3	6	1	1.5	2.5	4	5	8	12	18	30	48	75	0.12	0.18	0.3	0.48	0.75	1.2	1.8
6	10	1	1.5	2.5	4	6	9	15	22	36	85	90	0.15	0.22	0.36	0.58	0.9	1.5	2.2
10	18	1.2	2	3	5	8	11	18	27	43	70	110	0.18	0.27	0.43	0.7	1.1	1.8	2.7
18	30	1.5	2.5	4	6	9	13	21	33	52	84	130	0.21	0.33	0.52	0.84	1.3	2.1	3.3
30	50	1.5	2.5	4	7	11	16	25	39	62	100	160	0.25	0.39	0.62	1	1.6	2.5	3.9
50	80	2	3	5	8	13	19	30	46	74	120	190	0.3	0.46	0.74	1.2	1.9	3	4.6
80	120	2.5	4	6	10	15	22	35	54	87	140	220	0.35	0.54	0.87	1.4	2.2	3.5	5.4
120	180	3.5	5	8	12	18	25	40	63	100	160	250	0.4	0.63	1	1.6	2.5	4	6.3
180	250	4.5	7	10	14	20	29	46	72	115	185	290	0.46	0.72	1.15	1.85	2.9	4.6	7.2
250	315	6	8	12	16	23	32	52	81	130	210	320	0.52	0.81	1.3	2.1	3.2	5.2	8.1
315	400	7	9	13	18	25	36	57	89	140	230	360	0.57	0.89	1.4	2.3	3.6	5.7	8.9
400	500	8	10	15	20	27	40	63	97	155	250	400	0.64	0.97	1.55	2.5	4	6.3	9.7
500	630	9	11	16	22	32	44	70	110	175	280	440	0.7	1.1	1.75	2.8	4.4	7	11
630	800	10	13	18	25	36	50	80	125	200	320	500	0.8	1.25	2	3.2	5	8	12.5
800	1000	11	15	21	28	40	56	90	140	230	360	560	0.9	1.4	2.3	3.6	5.6	9	14
1000	1250	13	18	24	33	47	66	105	165	260	420	660	1.05	1.65	2.6	4.2	6.6	10.5	16.5
1250	1600	15	21	29	39	55	78	125	195	310	500	780	1.25	1.95	3.1	5	.8	12.5	19.5
1600	2000	18	25	35	46	65	92	150	230	370	600	920	1.5	2.3	3.7	6	9.2	15	23
2000	2500	22	30	41	55	78	110	175	280	440	700	1100	1.75	2.8	4.4	7	11	17.5	28
2500	3150	26	36	50	68	96	135	210	330	540	860	1350	2.1	3.3	5.4	8.6	13.5	21	33

注：1. 基本尺寸大于 500 mm 的 IT1～IT5 的标准公差值为试行。

2. 基本尺寸小于或等于 1 mm 时，无 IT14 至 IT18。

附表 14　优先配合中轴的极限偏差（摘自 GB/T 1800.4）　　单位：μm

基本尺寸/mm		公差带												
		c	d	f	g	h				k	n	p	s	u
大于	至	11	9	7	6	6	7	9	11	6	6	6	6	6
—	3	160 −120	−20 −45	−6 −16	−2 −8	0 −6	0 −10	0 −25	0 −60	+6 0	+10 +4	+12 +6	+20 +14	+24 +18
3	6	−70 −145	−30 −60	−10 −22	−4 −22	0 −8	0 −12	0 −30	0 −75	+9 +1	+16 +8	+20 +12	+27 +19	+31 +23
6	10	−80 −170	−40 −76	−13 −28	−5 −14	0 −9	0 −15	0 −36	0 −90	+10 +1	+19 +10	+24 +15	+32 +23	+37 +28
10	14	−95 −205	−50 −93	−16 −34	−6 −17	0 −11	0 −18	0 −43	0 −110	+12 +1	+23 +12	+29 +18	+39 +28	+44 +33
14	18													
18	24	−110 −240	−65 −117	−20 −41	−7 −20	0 −13	0 −21	0 −52	0 −130	+15 +2	+28 +15	+35 +22	+48 +35	+54 +41
24	30													+61 +48
30	40	−120 −280	−80 −142	−25 −50	−9 −25	0 −16	0 −25	0 −62	0 −160	+18 +2	+33 +17	+42 +26	+59 +43	+76 +60
40	50	−130 −290												+86 +70
50	65	−140 −330	−100 −174	−30 −60	−10 −29	0 −19	0 −30	0 −74	0 −190	+21 +2	+39 +20	+51 +32	+72 +53	+106 +87
65	80	−150 −340											+78 +59	+121 +102
80	100	−170 −390	−120 −270	−36 −71	−12 −34	0 −22	0 −35	0 −87	0 −220	+25 +3	+45 +23	+59 +37	+91 +71	+146 +124
100	120	−180 −400											+101 +79	+166 +144
120	140	−200 −450	−145 −245	−43 −83	−14 −39	0 −25	0 −40	0 −100	0 −250	+28 +3	+52 +27	+68 +43	+117 +92	+195 +170
140	160	−210 −460											+125 +100	+215 +190
160	180	−230 −480											+133 +108	+235 +210
180	200	−240 −530	−170 −285	−50 −96	−15 −44	0 −29	0 −46	0 −115	0 −290	+33 +4	+60 +31	+79 +50	+151 +122	+265 +236
200	225	−260 −550											+159 +130	+287 +258
225	250	−280 −570											+169 +140	+313 +284

续附表

基本尺寸/mm		公差带												
		c	d	f	g	h				k	n	p	s	u
大于	至	11	9	7	6	6	7	9	11	6	6	6	6	6
250	280	−300 −620	−190 −320	−56 −108	−17 −49	0 −32	0 −52	0 −130	0 320	+36 +4	+66 +34	+88 +56	+190 +158	+347 +315
280	315	−330 −650											+202 +170	+282 +350
315	355	−360 −720	−210 −350	−62 −119	−18 −54	0 −36	0 −57	0 −140	0 −360	+40 +4	+73 +37	+98 +62	+226 +190	+426 +390
355	400	−400 −760											+244 +208	+471 +435
400	450	−440 −840	−230 −385	−68 −131	−20 −60	0 −40	0 −63	0 −155	0 −400	+45 +5	+80 +40	+108 +68	+272 +232	+530 +490
450	500	−480 −880											+292 +252	+580 +540

附表 15　优先配合中孔的极限偏差（摘自 GB/T 1800.4）

基本尺寸/mm		公差带												
		C	D	F	G	H				K	N	P	S	U
大于	至	11	9	8	7	7	8	9	11	7	7	7	7	7
—	3	+120 +60	+45 +20	+20 +6	+12 +2	+10 0	+14 0	+25 0	+60 0	0 −10	−4 −14	−6 −16	−14 −24	−18 −28
3	6	+145 +70	+60 +30	+28 +10	+16 +4	+12 0	+18 0	+30 0	+75 0	+3 −9	−4 −16	−8 −20	−15 −27	−19 −31
6	10	+170 +80	+76 +40	+35 +13	+20 +5	+15 0	+22 0	+36 0	+90 0	+5 −10	−4 −19	−9 −24	−17 −32	−22 −37
10	14	+205 +95	+93 +50	+43 +16	+24 +6	+18 0	+27 0	+43 0	+110 0	+6 −12	−5 −23	−11 −29	−21 −39	−26 −44
14	18													
18	24	+240 +110	+117 +65	+53 +20	+28 +7	+21 0	+33 0	+52 0	+130 0	+6 −15	−7 −28	−14 −35	−27 −48	−33 −54
24	30													−40 −61
30	40	+280 +120	+142 +80	+64 +25	+34 +9	+25 0	+39 0	+62 0	+160 0	+7 −18	−8 −33	−17 −42	−34 −59	−51 −76
40	50	+290 +130												−61 −86

基本尺寸/mm		公差带												
		C	D	F	G	H				K	N	P	S	U
大于	至	11	9	8	7	7	8	9	11	7	7	7	7	7
50	65	+330 +140	+174 +100	+76 +30	+40 +10	+30 0	+46 0	+74 0	+190 0	+9 -21	-9 -39	-21 -51	-42 -72	-76 -106
65	80	+340 +150											-48 -78	-91 -121
80	100	+390 +170	+207 +120	+90 +36	+47 +12	+35 0	+54 0	+87 0	+220 0	+10 -25	-10 -45	-24 -59	-58 -93	-111 -146
100	120	+400 +180											-66 -101	-131 -166
120	140	+450 +200	+245 +145	+106 +43	+54 +14	+40 0	+63 0	+100 0	+250 0	+12 -28	-12 -52	-28 -68	-77 -117	-155 -195
140	160	+460 +210											-85 -125	-175 -215
160	180	+480 +230											-93 -133	-195 -235
180	200	+530 +240	+285 +170	+122 +50	+61 +15	+46 0	+72 0	+115 0	+290 0	+13 -33	-14 -60	-33 -79	-105 -151	-219 -265
200	225	+550 +260											-113 -159	-241 -287
225	250	+570 +280											-123 -169	-267 -313
250	280	+620 +300	+320 +190	+137 +56	+69 +17	+52 0	+81 0	+130 0	+320 0	+16 -36	-14 -66	-36 -88	-138 -190	-295 -347
280	315	+650 +330											-150 -202	-330 -382
315	355	+720 +360	+350 +210	+151 +62	+75 +18	+57 0	+89 0	+140 0	+360 0	+17 -40	-16 -73	-41 -98	-169 -226	-369 -426
355	400	+760 +400											-187 -244	-414 -471
400	450	+840 +440	+385 +230	+165 +68	+83 +20	+63 0	+97 0	+155 0	+400 0	+18 -45	-17 -80	-45 -108	-209 -272	-467 -530
450	500	+880 +480											-229 -292	-517 -580

参考文献

[1] 钱可强，王槐德. 零部件测绘实训教程[M]. 北京：高等教育出版社，2012.

[2] 金大鹰. 机械制图[M]. 北京：机械工业出版社，2015.

[3] 全国技术产品文件标准化技术委员会，中国标准出版社. 技术产品文件标准汇编：机械制图卷[G]. 北京：中国标准出版社，2007.

[4] 中华人民共和国国家质量监督检验检疫总局，中国国家标准化管理委员会. 产品几何技术规范（GPS）技术产品文件中表面结构的表示法：GB/T131—2006[S]. 北京：中国标准出版社，2007.

[5] 才家刚. 图解常用量具的使用方法和测量实例[M]. 北京：机械工业出版社，2007.